•投考公務員系列•

消防救護

投考實戰攻略

Fire Services Recruitment Guide

面試問題、自我介紹、應對作答模式

投考消防處消防精英指南

PASS

前消防處副消防總長 盧樹楠 編撰

自序

消災防險　英雄氣現平生志
救傷護危　義士情繫百姓心

香港消防處的使命是致力保障本港市民的生命及財產，守護他們免受火警及其他災難傷害。一往以來，消防處抱持著「救災扶危，為民解困」的理念，與時並進，不斷優化服務，在滅火、救援、緊急救護及防火方面，都力求精益求精。

消防處工作不僅艱巨，為配合社會的需要及發展，工作範圍日趨多元化，與市民息息相關。除了提供高效專業的滅火救援服務外，防火工作方面，加強了消防安全巡查及適當的執法行動，亦為市民提供有關防火措施的意見，藉以提高市民的消防安全意識。在緊急救護服務方面，繼續讓傷病者得到適切的院前護理之外，亦為傷病者提供調派後急救指引，並把宣傳推廣工作融入社區，積極推行教育工作，教導公眾急救知識及傳遞慎用救護資源的訊息。

消防處秉持為市民提供優質服務的精神，有目共睹，因此贏得公眾的認同和支持，連續多屆獲得最佳公眾形象獎。由此吸引了很多年青人，立志投身消防及救護工作。每次招募運動，投考者眾，競爭非常激烈。考生必須在應考前作出充分的準備，否則要成功通過所有招募程序的關卡，成為消防處的一份子，實在並不容易。編撰本書的目的，希望讓有志投考者，對整個投考程序、要求及面試所涉及的消防/救護知識或技能等，有一個全面的基本認識及理解。

一般而言，在面試過程中，考官想多了解投考人士「投考目的和原因」、考生對消防/救護這項工作的抱負及願景。另外，考生在面試期間所表現出來的性格、是否適合擔當紀律部隊工作和生活，亦是遴選過程其中一個考慮點。面試可能所觸及的範圍，包括自我介紹、消防工作有關的常識、一般公民或社會常識及較為備受關注的時事問題。另外，處境問題會測試考生，在某些危急或困難的境況下，如何作出適當的相應行動，從而評估考生的基本常識、價值取向、獨立思考及思辯能力等。在這方面，我在書中建議一些思考及應對這類問題的作答模式，讓考生學習掌握如何有條不紊、層次分明去論述這類問題。本書亦搜集了一些能力傾向測驗的模擬試題，考生應多加練習，從中理解並掌握回答這類題目的竅門。

消防處歡迎有志投身於滅火救援工作，肩負起「救災扶危，為民解困」的人士，只要是體格良好、願意接受紀律約束，在緊急事故中迎難而上，全力以赴，發揮拯救生命財產的強烈使命感！要成功成為消防處的一員，參與這一份有意義的工作，有意投考者，必須從這一刻開始，坐言起行，開始做好應試前的準備。請記著！「機會是留給有準備的人」，這是一句歷久常新、放諸四海而皆準的至理名言！

前消防處 副消防總長

盧樹楠

邀請序

我曾被邀到過不少展覽廳、社區文化團體、非政府組織、中學及大學與年輕人見面閒談，在主持演講及討論會之餘，更舒懷地分享人生點滴。

當中不時聽到年青一輩説喜歡當紀律部隊，部分亦表示十分喜歡消防及救護專業，期望能把這理想工作成為終身職業。但細問因由之下，大多的答案均反映他們不甚瞭解箇中工作情況、自身的限制、工作上的壓力。他們之所以有此反應，主要是被救火救人、助厄解困、救急扶危的消防形象所吸引！

事實上要成為紀律部隊的一員，特別是消防及救護工作，必須先自我瞭解有否那份強烈的使命感，會否在壓力下有所猶豫，在人們面對危難時，能否與夥伴合作，專注地拯救遇險者及傷病者，更要有同理心，耐心關顧其身邊親友的即時感受。

在此我摯誠鼓勵各位年輕人，在定下未來方向與目標、奮勇邁進的同時，必先努力學習，懂得妥善分配時間，閒時多閱讀及運動，好好裝備自己，才能從容面對人生各方面不可預計的挑戰！

前消防處 救護總長

楊世謙

推薦序

「紀律部隊」一詞，對港人來説，可謂耳熟能詳；但對外國及內地人士來説，可能有點陌生和不解。香港特別行政區政府轄下之「紀律部隊」，基本上包括：警務處、消防處、海關、懲教處、入境處及飛行服務隊。香港「紀律部隊」予人專業忠誠、效率超卓和與時並進的印象，當中尤以鮮明的制服和嚴謹之紀律，最為人樂道。

由於擁有不少優良傳統和國際美譽，逐漸成為年輕一代的心儀職業。事實證明，每當「紀律部隊」招募僱員時，總會看見大排長龍之「墟冚」景象。然而這個局面，絕非上世紀六、七十年代可以想像得到的。

香港經歷1967年暴動後，政府公務員（尤以紀律部隊人員）非如今天的吃香；甚至遭人「白眼」，本人就是其中例子。可以肯定説，「紀律部隊」擁有今天的社會名望和市民愛戴，實在得來不易。古諺有云：「臨淵羨魚，不如退而結網」，如有志投身「紀律部隊」行列，便須謹慎部署，努力作戰了。本人以34年在消防處救護總區之服務經驗，結納成為一句説話：「如果抱著薪高、糧準、福利好的態度，去投考消防人員或救護人員，而不作精密構思，充份準備的話，那麼必定全軍盡墨無疑。」

現今社會資訊發達，交流方便，卻容易造成不少應徵者，對嚴謹之投考程序掉以輕心，導致屢戰屢敗。幸而不少經驗豐富、扶掖後進的消防/救護前輩，把寶貴的知識和閱歷公諸社會，協助有志的年輕人，投考消防及救護的職位。

前副消防總長盧樹楠先生（盧Sir），在消防處服務逾34年後，仍然不忘培育人才，春風化雨。盧Sir優良的表現、盡責的服務，獲頒香港消防事務卓越獎章。他孜孜不倦完成的《消防救護投考實戰攻略》，可謂理論與實踐並存；無疑就是一本完整的投考指南，內容涵蓋消防及救護兩大職系。以我的「老本行——救護」為例，書中刊載的相關條例守則、理論知識，不單有助投考人士順利過關，並且可讀性甚高。對於提升安全意識和增強反應能力，都有具體而可行的描述。

最後，我誠意鼓勵對社會有使命感，對自己有抱負之投考人士，消防處需要你、社會需要你，而你最需要具備的條件，就是愛心+耐心+迎難而上的決心！

陳志亮

前消防處救護主任、《救護急先鋒》及《商識滿天下》作者、報刊專欄作者、電台節目統籌、毅進紀律部隊課程導師。

目錄

Chapter 3 面試技巧攻略

Chapter 4 投考消防處Q & A

Chapter 5 消防處重要資料

目錄

Chapter 01
消防處大檢閱

香港消防處的歷史

根據1868年5月9日刊登於香港政府憲報的文告記載：

「依照法例，總督有權從警隊及其他志願人士中挑選合適者組成一支隊伍，負責本港的滅火工作，以及在火警發生時，保障市民的生命財產，並為該隊伍提供消防車、消防喉、消防裝備、工具及其他必要設備。此舉不但可使該隊伍配備齊全，更有助於提高其工作效率。根據本條例成立的消防隊伍命名為香港消防隊，由香港消防隊監督統領……。」至於成立香港消防隊的立法過程，則沒有記載。

法案獲得通過之後，身兼警察隊隊長及維多利亞監獄獄長兩職的查理士．梅理先生獲委任為消防隊監督。當時消防隊有隊員62名，另有大約100名華籍志願人員輔助。編制如下：
1名監督
1名助理監督
2名隊長
4名助理隊長
54名外籍消防員
100名華籍義勇消防員

1921年，香港消防隊漸漸擴充為一支擁有140名各級正規人員的部隊。

1922年，部隊成員更增至174人。當時，志願人員或後備消防隊在滅火工作上，擔當非常重要的角色。

在日治期間，消防隊不論在人力和設備方面均受到損失，以致發展一度停頓。值得一提的是，當年有2部美國製造的「拿法蘭士」號消防車被運往日本東京，作為日本皇宮的消防裝備。在第二次世界大戰結束後，該2部消防車才歸還香港。

1949年，香港人口達到100萬。雖然新的消防局在1946至1956年間陸續落成啟用，但仍不足以應付當時的需求。

自1914年起，「救護服務」成為消防隊一部分工作，當時僅限於提供緊急救護服務；到了1953年7月，香港政府的所有救護資源都交由消防隊管理。

1953年前，「緊急救護服務」由消防隊提供，至於「非緊急救護服務」則由當時的醫務署負責。

1953年7月1日，醫務署把救護車輛及人員調撥予消防隊，進行合併，為現時的「救護總區」奠立基礎。

在過去幾十年來，「救護總區」由只有17部救護車的小型單位，發展成為有：39間救護站、368部救護車、36部急救醫療電單車、15部輕型救護車、15部轉院救護車、6部鄉村救護車、4部流動傷者治療車、3部快速應變急救車、2部救護吉普車、1部輔助醫療裝備車及1部救護信息宣傳車以及超過2,350名救護人員的單位，為全港市民提供現代化的輔助醫療服務。

2018年，3輛採用「黃色塗裝」的標準救護車投入服務：A501、A502、A811，每部價值大約100萬港元。

於1960至1965年期間，戴麟趾報告為「救護服務」的發展定下藍本。經過其後的發展和部門改組，救護服務成為一個獨立單位，自1970年起稱為「救護總區」，並由一名「救護總長」管理。

1946年，當時負責行動的消防員每周工作是84小時。其後遞減至1967年的72小時，1980年的60小時，以及1990年的54小時。值得注意的是，在第二次世界大戰之前，消防員每周工作是144小時，即當值整整6天才有1天假期，直至1946年才改為每周工作84小時。

1960年，副布政司戴麟趾先生（後來出任香港總督）奉命研究消防隊的各種問題。他聯同當時的「副消防總長」覺士先生撰寫了戴麟趾報告，消防隊因此徹底改組，並改稱為「香港消防事務處」（在1983年7月再改稱為「香港消防處」）。

戴麟趾報告建議進行一項10年的分期發展計劃，包括加設小型消防局，務求以6分鐘內抵達現場為準則。報告上亦建議大量增加人手和消防車，以及縮減負責行動的消防員工作時數。

1961年，哥文先生獲委任為首位「消防事務處處長」。

1966年3月，「消防事務處」展開本地化的步伐。當最後一位外籍人員於1992年7月1日退休後，消防處所有職位全由華人擔任。

1968 年消防事務處的內部組織如下：
- 消防總部
- 九龍總區（包括九龍及新界）
- 港島及海務總區
- 防火總區

1970年，救護組成為一個獨立總區，消防事務處又再重組如下：
- 消防總部
- 防火組
- 港島、離島及海務總區

- 九龍總區
- 新界總區
- 救護總區

由於越來越多滅火及救援工作需要豐富的專業知識和經驗，以往曾擔任重要角色的後備消防隊在1975年解散。現時所有消防人員都是經過專業訓練的全職人員。

1949年，消防隊成立「防火及檢察科」處理一般消防安全事宜。

1970年，「防火及檢察科」進行改組，並擴展為「防火組」。其英文名稱後來在1980年由Fire Prevention Bureau改為「Fire Protection Bureau」。

1997年8月，「防火組」改稱為「防火總區」。1999年6月，「防火總區」進一步擴展，並分為兩個總區，即「牌照及管制總區」（在2001年4月改稱為「牌照及審批總區」）和「消防安全總區」，以應付日益增加的消防安全工作，以及滿足公眾越來越高的消防安全期望。

以往，通訊及第一線資源調派工作是透過調派中心及消防局指揮系統執行的。於1980年，這些運作模式歸由尖沙咀消防局大樓6樓的「消防通訊中心」集中處理。

1991年4月，隨着第2代調派系統啟用，通訊中心遷往康莊道消防總部大廈11樓。中心設中央電腦系統，有助火警及特別服務的調派工作達到最高效率。

第3代調派系統於2005年取代第2代調派系統後，通訊中心遷往消防總部大廈2樓繼續運作。該系統是非常精密而且任務關鍵的系統，藉着準確有效調配資源，大大提升了部門的調派效率。隨着第3代調派系統投入服務，部門日後定能持續為香港市民提供高效率的緊急服務。

消防處的使命宣言：理想、使命、信念

理想

- 為香港市民服務，務使香港成為安居樂業的地方

使命

- 保障生命財產免受火災或其他災難侵害
- 提供有關防火措施及火警危險的意見
- 教育市民，提高公眾的消防安全意識
- 為傷病者提供急救護理及運送往醫院的服務

信念

- 保持高度廉潔正直
- 發揮專業精神、精益求精
- 致力提供優質服務
- 時刻準備面對挑戰、勇於承擔責任
- 維持良好士氣和團隊精神

消防處的主要職責

滅火

- 迅速處理火警召喚
- 有效地執行陸上及海上的滅火工作

救援服務

- 提供快捷有效的海陸救援服務

防火

- 向市民提供有關防火措施的意見
- 提高市民的消防安全意識
- 執行消防法例
- 處理牌照審批事宜

緊急救護服務

- 迅速處理救護召喚
- 提供快捷、有效和先進的緊急救護服務

消防處的服務承諾

消防處隨時準備為香港市民服務，並且承諾快捷、有效地執行上述使命。
消防處訂定以下目標 ——

在6分鐘內抵達樓宇密集地區處理火警召喚，並在9至23分鐘內抵達樓宇分散及偏遠地區處理同類召喚。
消防處在二零一八年的目標，是92.5%的樓宇密集地區火警召喚及94.5%的樓宇分散及偏遠地區火警召喚均能在上述時間內獲到場處理。
二零一七年在樓宇密集地區和樓宇分散及偏遠地區的樓宇火警召喚，在召達時間內獲到場處理的比率，較所定的目標（92.5%)及(94.5%)分別高出1.6%及2.2%。

救護車在消防處接到緊急救護召喚後12分鐘內抵達現場街道的地址。
消防處在二零一八年的目標，是92.5%的緊急救護召喚能在這個召達時間內獲到場處理。
二零一七年整體緊急救護召喚，在召達時間內獲到場處理的比率，較所定的目標(92.5%)高出2.6%。

消防處成立的公眾聯絡小組，由30位市民組成，並已踏入第二十五屆。小組定期開會，就消防處的消防和緊急救護服務方面的表現提出意見，並建議如何改善服務。
消防處在接到有關要求後，於21個工作天內發出曾經處理的火警或災難事故的報告，或樓宇、船隻或其他財產因火警而損毀的事故報告。

消防處在接到有關迫切的火警危險或危險品(石油氣除外)的投訴後，於24小時內調查，調查結果會在12個工作天內告知投訴人。
至於非迫切的火警危險投訴，本處會在10個工作天內展開調查，調查結果會在27個工作天內告知投訴人。(註)

(註) 服務承諾適用於本處可根據《消防條例》或《危險品條例》即時採取行動的火警危險投訴。

在二零一八年，消防處的主要目標如下:

- 繼續加強為前線消防人員提供的真火及救援訓練，並提升他們在事故現場的行動安全。
- 繼續監察港珠澳大橋口岸新消防局的發展計劃，以及蓮塘/ 香園圍口岸一間設有救護設施的新消防局的建設工程。
- 推展更換一號指揮船和二號指揮船的計劃，並繼續監察更換和購置其他消防船隻的進度。
- 繼續推展更換通訊及調派系統的工作，以提升調派滅火、救援和救護資源的成效和效率。
- 加強樓面面積逾230平方米的訂明商業處所、指明商業建築物、綜合用途樓宇，以及住宅樓宇的防火措施。
- 推展改善舊式工業樓宇消防安全的立法工作。
- 為《危險品條例》(第295章)餘下的附屬法例擬備修訂建議，以加強對危險品的管制。
- 檢討消防裝置承辦商註冊制度的法例規定。
- 推展引入註冊消防工程師計劃的立法工作。
- 加強巡查於一九八七年前建成的綜合用途/ 住宅樓宇，以提升消防安全。
- 針對工業樓宇消防安全的違規事項，加強巡查和執法行動。
- 繼續推行快速應變急救車計劃，以加強輔助醫療救護服務和質素保證工作。
- 推行社區教育計劃，讓市民學習心肺復甦法和認識除顫器使用方法。
- 繼續加強宣傳，教育市民適當地使用緊急救護服務。
- 設置電腦系統，以便向召喚緊急救護服務的人士提供調派後指引。
- 繼續探討提供緊急救護服務的長遠安排。

消防處為香港市民
提供優質服務的策略及目標

策略

1. 靈活調配現有資源，以實踐服務承諾：
   - 重新調配滅火及救護資源往策略性地點。
   - 調配救護車到合適的消防局，以擴展緊急救護服務的覆蓋範圍。
2. 透過公眾聯絡小組聽取市民意見，藉此加強本處與公眾的溝通，並推行更多公眾教育計劃，以便為市民提供更優質的服務。
3. 定期檢討及改革部門架構和程序，務求繼續提升工作效率。

目標：滅火及救援服務

1. 繼續檢討現行的滅火及救援程序，以便改善整體行動效率。
2. 引入先進技術及設備，提高陸上及海上的滅火和救援能力。
3. 為潛水組配備先進的潛水裝備及船隻，以提高潛水及水底救援能力。
4. 確保所有滅火及救援單位時刻候命，以便迅速處理緊急召喚。
5. 改善滅火及救援行動的通訊和協調工作。
6. 繼續檢討和改善資源調配計劃。
7. 繼續檢討事故現場指揮系統，以改善事故現場的指揮及控制工作。
8. 繼續研究、發展和使用更先進及有效的行動資料系統和設備。
9. 繼續利用先進技術提升滅火輪船隊的質素。
10. 繼續提升空中救援服務的水平，以應付高層樓宇火警。
11. 繼續推行先遣急救員計劃，以加強社區的緊急救護服務。
12. 繼續改善偏遠地區緊急召喚的處理，並使用小型車輛及消防電單車，克服交通擠塞問題。
13. 調查火警起因，以阻嚇非法行為，盡量減少類似事故再次發生。

目標：防火工作

1. 透過公民教育及社區參與計劃，向市民推廣消防安全文化。
2. 加強管制危險品的製造、貯存、使用及運送。
3. 確保樓宇均裝有必須的消防裝置及設備。
4. 巡查樓宇，確保消防裝置及設備與通風系統保養妥善、逃生通道暢通無阻。
5. 審核氣瓶的使用，以及認可手提滅火工具，以供市場出售或供應。
6. 檢討《消防(裝置及設備)規例》，從而加強管制手提滅火工具，以及消防裝置及設備保養證明書的簽發。
7. 確保迅速處理一切有關提供消防安全意見的要求。
8. 有效執行有關消防安全的法例。
9. 提升舊式樓宇的消防安全設施。
10. 審批樓宇安全貸款計劃內有關改善消防安全工程的貸款申請，並就技術及成本計算方面提出建議。
11. 繼續推行消防安全大使計劃。
12. 繼續檢討有關危險品的法例，以符合管制危險品的國際標準。
13. 繼續推行綜合發牌、消防安全及檢控系統。
14. 檢討有關消防裝置承辦商註冊計劃的法例條文，務求提高承辦商的專業水平，並監管他們的表現，以配合業界的發展步伐。
15. 繼續推行以四管齊下的方式，即透過宣傳、執法、巡查以及與業主、居民和物業管理人員合作，提升舊式樓宇的消防安全。
16. 繼續推行「樓宇消防安全特使試驗計劃」。
17. 確保持牌處所遵辦所有消防安全規定。

目標：緊急救護服務

1. 為任何有需要迅速或立即接受醫療護理的人士提供有效的協助，確保他的安全、使他復甦或維持其生命，並減少其痛苦或困擾。
2. 確保盡快處理需要即時提供救護及其後將傷病者送往醫院治療的所有緊急召喚。
3. 確保盡快處理消防處所接獲的所有轉院召喚；這些召喚涉及將傷病者由醫院或診所轉送往急症醫院，接受急切診斷或治療。
4. 確保所有救護車及裝備保養妥善，並隨時可以使用。
5. 與地區組織、醫療機構等保持良好工作關係，以便有效和快捷地執行職務。
6. 繼續加強在行動事故中救護車隊員之間的通訊和協調工作。
7. 繼續評估和引進更先進及有效的救護車裝備。
8. 繼續引入先進及設計更佳的救護車，以取代現有車隊，並提高行動效率。
9. 通過定期和專門的訓練，確保救護人員能熟習和加強院前緊急護理知識和技術。
10. 繼續推行快速應變急救車計劃，以加強輔助醫療救護服務。
11. 繼續推行社區教育計劃，為公眾提供心肺復甦法訓練。
12. 繼續加強宣傳教育市民適當地使用緊急救護服務。
13. 計劃購置電腦系統，以便向召喚緊急救護服務的人士提供調派後指引。
14. 繼續採用輔助醫療服務質素保證系統，以提升輔助醫療救護服務的質素。
15. 繼續採用救護車出勤電子記錄系統，讓重要的傷病者資料得以進行分析。
16. 監察推行電腦輔助救護車管理資訊系統的情況，以提升救護車車隊的管理。
17. 繼續探討提供緊急救護服務的長遠安排。

部門發展及員工培訓/管理

為了有效地達致以上目標，消防處在部門發展及員工培訓/管理方面，會推行以下配套：

1. 發展和採用編制的架構、制度及程序，以便配合政府政策和社會需要。
2. 發展及籌辦員工專業訓練，以提高服務水平。
3. 制定資源部署及調配的長遠策略，配合全港發展和提高工作效率，以完成部門的使命。
4. 確保全體人員的工作表現及專業精神均維持在最高水平。
5. 維持員工的士氣及紀律，以提供有效的服務。
6. 提高行動人員的職業安全及健康水平。
7. 繼續在全港策略性地點興建消防局及救護站，以便為市民提供有效率的服務。
8. 繼續推廣公務員建議書計劃，鼓勵員工參與計劃，從而維持良好士氣。
9. 改善第三代調派系統的調派和通訊功能，使消防和救護車輛有更妥善的調配。
10. 繼續發展「先遣急救員計劃」，從而加強前線消防人員的行動能力，為有需要人士提供更迅速的院前護理。
11. 推行資產管理及保養系統。
12. 制定有關資訊系統、基本建設及資源需求的長遠策略，以配合部門的資訊及業務發展需要。

消防處的組織架構

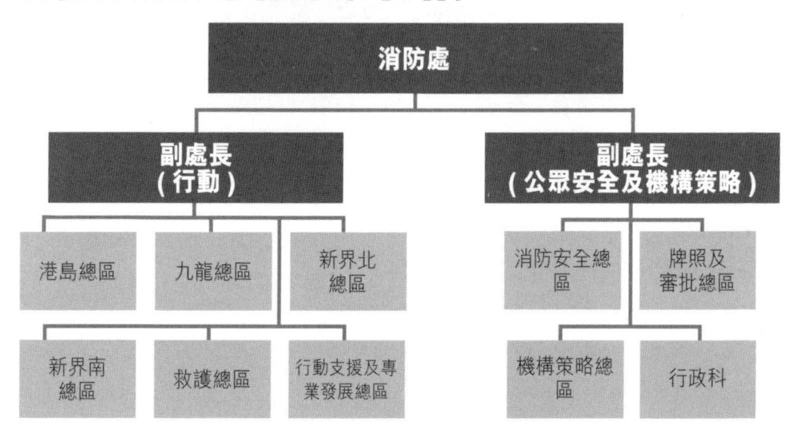

消防處有各級消防救護人員大約10,730名及文職人員約720名。消防處分成四個消防行動總區、消防安全總區、牌照及審批總區、救護總區、機構策略總區、行動支援及專業發展總區及行政科。消防處員工人數超過11,490人，由消防處處長掌管，下設副處長職位，協助處理有關事務。

消防行動總區

消防處轄下的各個消防行動總區，即港島總區、九龍總區、新界北總區及新界南總區，各由一名「消防總長職級」的助理處長掌管。每個總區再按地區劃分為四至六個分區，區內設有四至八間消防局。

消防安全總區

「消防安全總區」由一名消防總長職級的助理處長掌管，並按職責分為九個課/ 組別，分別為社區應急準備課、樓宇改善課1、樓宇改善課2、樓宇改善課3、機場擴建工程課、鐵路發展課、新建設課、支援課、貸款計劃支援組及社區應急準備課（新成立）。

牌照及審批總區

「牌照及審批總區」由一名消防總長職級的助理處長掌管，並按職責分為八個課/ 組別，計為政策課、危險品課、防火分區辦事處（香港及九龍西）、防火分區辦事處（新界及九龍東）、消防設備專責隊伍、消防設備課、通風系統課及牌照事務課。

救護總區

「救護總區」由一名救護總長職級的助理處長掌管，總區轄下分為兩個行動區域(港島及九龍區域和新界區域)及總區總部。而每個行動區域再按地區劃分為兩至三個分區。

機構策略總區

「機構策略總區」由一名消防總長職級的助理處長掌管，為處長提供規劃及管理方面的支援，並為其他總區提供政策及後勤支援，當中包括職業安全健康、採購及後勤支援、資訊科技管理、福利，以及資訊發放和宣傳的事宜。

行動支援及專業發展總區

「行動支援及專業發展總區」由一名副消防總長掌管，負責消防通訊中心、消防及救護學院，並監督有關招聘、訓練及考試、工程及運輸的事宜。

行政科

「行政科」由文職人員組成，由助理處長（行政）掌管，主要負責人力資源管理、招聘及晉升事宜、一般部門行政、財務管理、內部審核、外判工作、員工關係及翻譯服務。

消防員及救護員的薪酬和福利

「消防員（行動/海務）」及「救護員」的薪酬：

一般紀律人員（員佐級）薪級表第5點（每月23,295元）至一般紀律人員（員佐級）薪級表第17點（每月34,605元）。

一般紀律人員（員佐級）薪級表

薪點	由 2022 年 4 月 1 起（元）
29	49,605
28	47,715
27	45,880
26	44,555
25	43,225
24	41,980
23	40,900
22	39,765
21	38,685
20	37,665
19	36,655
18	35,655
17	34,605（頂薪點）
16	33,650
15	32,710
14	31,780
13	30,855
12	29,915
11	29,000
10	28,090
9	27,220
8	26,290
7	25,395
6	24,650
5	23,625
4a	23,295 （起薪點）
4	22,970
3	22,325
2	21,680
1	21,100

福利

「消防員（行動/海務）」及「救護員」享有的福利事項包括如下：

- 完善退休保障
- 醫療保障
- 有薪假期
- 房屋福利（例如已婚職員宿舍、房屋津貼）
- 福利補助及貸款
- 康樂設施

附註：

(1) 公務員職位是公務員編制內的職位。申請人如獲聘用，將按公務員聘用條款和服務條件聘用，並成為公務員。

(2) 申請人受聘時必須是香港特別行政區永久性居民。

(3) 作為提供平等就業機會的僱主，政府致力消除在就業方面的歧視。所有符合基本入職條件的人士，不論其殘疾、性別、婚姻狀況、懷孕、年齡、家庭崗位、性傾向和種族，均可申請本欄內的職位。

(4) 持有本港以外學府/非香港考試及評核局頒授學歷的人士亦可申請，惟其學歷必須經過評審以確定是否與職位所要求的本地學歷水平相若。有關申請人須以郵遞方式把修業成績副本及證書副本連同政府職位申請書送交九龍尖沙咀東部康莊道一號消防總部大廈8樓委聘組。持有非本地學歷的申請人，如在網上遞交申請，必須於截止申請日期後的1星期內以郵遞方式把修業成績副本及證書副本送交上述地址，並須在信封面和文件副本上註明網上申請編號。如申請人未能提供上述所需資料或證明文件，其申請書將不獲受理。

(5) 入職薪酬、聘用條款及服務條件，應以獲聘時的規定為準。

(6) 頂薪點的資料只供參考，日後或會有所更改。

(7) 申請人通常會在遞交申請後1至4個星期內，收到參加初步視力測驗、體能測驗及模擬實際工作測驗的通知書，通知書將會通過電郵發出。通過上述測驗的申請人將會獲邀參加能力傾向筆試。如申請人未獲邀參加能力傾向筆試，則可視作已落選。如有查詢，請致電2733 7673與消防處委聘組聯絡。

(8) 政府的政策，是盡可能安排殘疾人士擔任適合的職位。殘疾人士申請職位，如其符合入職條件，毋須再經篩選，便會獲邀參加遴選面試。

申請手續

申請人可透過以下方法申請：

1. 親身把填妥的政府職位申請書(GF340)投入設於九龍尖沙咀東部康莊道一號消防總部大廈地下的投遞箱；招募期間投遞箱開放時間：星期一至五(公眾假期除外)上午9時至下午6時30分；或
2. 把已填妥的政府職位申請表GF340，寄交九龍尖沙咀東部康莊道一號消防處總部大廈八字樓招募組；或
3. 透過公務員事務局互聯網網站 (http://www.csb.gov.hk)遞交申請

備註

1. 申請人若持有本港以外學府及非香港考試及評核局頒授的學歷，於申請時遞交全部修業成績副本及證書副本。持有非本地學歷的申請人，如在網上遞交申請，必須於截止申請日期後的一個星期內把修業成績副本及證書副本寄交本處作進一步處理，及在信封面和文件副本上註明網上申請編號。如申請人未能提供上述所需資料或証明文件，其申請書將不獲受理。
2. 政府職位申請表(GF340) 可於就近消防局或救護站、民政事務總署各區民政事務處諮詢服務中心或勞工處就業科各就業中心索取，該表格也可從公務員事務局互聯網站(http://www.csb.gov.hk) 下載。
3. 只有初步入選的申請人才會獲邀參加面試

消防及救護職級

第 I 部——高級人員	
消防處處長	
消防處副處長	
消防總長	救護總長
副消防總長	副救護總長
高級消防區長	高級助理救護總長
消防區長	助理救護總長
第 II 部——部屬人員	
助理消防區長	救護監督
高級消防隊長	高級救護主任
消防隊長	救護主任
見習消防隊長	見習救護主任
第 III 部——員佐級成員	
消防總隊目	救護總隊目
消防隊目	救護隊目
消防員	救護員

消防處紀律人員職級一覽表

Chapter 02
投考消防員／救護員流程

投考程序：
消防員（行動 / 海務）/ 救護員

	消防員（行動/ 海務）	救護員
Day 1（第一關）	- 初步視力測試 - 體格量度 量度身高及體重（只作參考用） - 體能測驗 - 模擬實際工作測驗	- 體格量度 量度身高及體重（只作參考用） - 體能測驗 - 模擬實際工作測驗
Day 2（第二關）	能力傾向筆試	能力傾向筆試
Day 3（第三關）	面試	面試
	《基本法及國安法》知識測試	《基本法及國安法》知識測試
	體格檢驗	體格檢驗
	消防及救護學院受訓（接受為期 26 星期的留宿初級訓練）	消防及救護學院受訓（接受為期 26 星期的留宿初級訓練）

*以上步驟是發生在申請人已遞交政府職位申請表（G.F.340）

註：《基本法及國安法》知識測試

應徵者會被安排參加《基本法及國安法》知識筆試，以評核應徵者對《基本法及國安法》的認識。

《基本法及國安法》知識測試會以選擇題形式進行，全卷共15題，應徵者須在25分鐘內完成作答。應徵者在《基本法及國安法》知識測試的成績會用作評核其整體表現的其中一個考慮因素。

如你曾參加由其他招聘當局/ 部門安排或由公務員事務局舉辦的《基本法及國安法》知識測試，可獲豁免再次參加是次《基本法及國安法》筆試，並可使用先前的測試結果作為你《基本法及國安法》知識測試的成績。

如你欲使用過往在《基本法及國安法》知識測試中所考取的成績，請在面試時出示成績通知書的正本，有關成績會獲本處認可。

你亦可選擇再次參加《基本法及國安法》知識測試，在這情況下，消防處會以你在投考目前職位時取得的最近期成績為準。

入職資格：
消防員（行動 / 海務）

消防員的職責

消防員（行動/海務）主要執行行動/海務職責，例如滅火及救援工作，以及負責防火職務。消防員（行動/海務）須受紀律約束，並須輪班工作及在工作時穿著制服。

入職資格

- (a)具備香港中學文憑考試五科考獲第2級或同等註(1)或以上成績，或同等學歷；或(b)具備香港中學會考五科考獲第2級註(2)/ E級或以上成績，或同等學歷 [(a)及(b)項所述的五個科目可包括中國語文科及英國語文科]；

- 符合語文能力要求，即具備香港中學文憑考試或香港中學會考中國語文科及英國語文科第2級註(2)或以上的成績，或同等學歷；
- 須通過視力測驗(毋須佩戴眼鏡)；
- 須通過體能測驗和模擬實際工作測驗；
- 須通過能力傾向筆試；
- 能操流利粵語；以及
- 在《基本法及香港國安法》測試取得及格成績。

註(1)：

政府在聘任公務員時，香港中學文憑考試應用學習科目（最多計算兩科）「達標並表現優異」成績，及其他語言科目C級成績，會被視為相等於新高中科目第3級成績；香港中學文憑考試應用學習科目（最多計算兩科）「達標」成績，以及其他語言科目E級成績，會被視為相等於新高中科目第2級成績。

註(2)：

政府在聘任公務員時，2007年前的香港中學會考中國語文科和英國語文科（課程乙）C級及E級成績，在行政上會分別被視為等同2007年或之後香港中學會考中國語文科和英國語文科第3等級和第2等級成績。

起薪點

一般紀律人員（員佐級）薪級表第5點。

訓練

新入職的「消防員(行動/海務)」須在消防及救護學院接受為期26星期的留宿初級訓練。

消防及救護學院

入職資格：救護員

職責

救護員主要負責提供緊急救護服務、送院前護理服務、執行與救護相關的職務；以及駕駛救護車、汽車及客貨車。救護員須受紀律約束，並須輪班工作及穿著制服。

入職條件

- (a)具備香港中學文憑考試五科考獲第2級或同等註1或以上成績，或同等學歷；或(b)具備香港中學會考五科考獲第2級註2/ E級或以上成績，或同等學歷 [(a)或(b)項所述的五個科目可包括中國語文科及英國語文科]；
- 符合語文能力要求，即具備香港中學文憑考試或香港中學會考中國語文科及英國語文科第2級註2或以上的成績，或同等學歷；

- 須通過體能測驗和模擬實際工作測驗；
- 須通過能力傾向筆試；
- 能操流利粵語；以及
- 在《基本法及香港國安法》測試取得及格成績。
- (註：申請人如持有一個有效的香港駕駛執照會是有利條件。)

註(1)政府在聘任公務員時，香港中學文憑考試應用學習科目(最多計算兩科)「達標並表現優異」成績，以及其他語言科目C 級成績，會被視為相等於新高中科目第3級成績；香港中學文憑考試應用學習科目(最多計算兩科) 「達標」成績，以及其他語言科目E 級成績，會被視為相等於新高中科目第2級成績。

註(2)政府在聘任公務員時，2007年前的香港中學會考中國語文科和英國語文科(課程乙)C級及E級成績，在行政上會分別被視為等同2007年或之後香港中學會考中國語文科和英國語文科第3等級和第2等級成績。

聘用條款：

(1)獲錄用的救護員，會按當時適用的試用條款受聘，試用期為三年。如在試用期工作表現令人滿意，試用期滿後可轉為按當時適用的長期聘用條款受聘。

(2)在通過試用關限之前，獲取錄的人員須

(a) 在基礎訓練課程結業試及格；

(b) 持有有效的消防駕駛執照；

(c)在確實聘任前六個月內，通過體能測驗；

(d)試用期滿，表現令人滿意，並完全符合職係的要求和服務需要。

薪酬：

一般紀律人員(員佐級)薪級表第5點。

福利事項：

- 完善退休保障
- 醫療保障
- 牙科診療
- 有薪假期
- 康樂設施

- 福利補助及貸款
- 房屋福利 例如: (i) 已婚職員宿舍 (ii) 房屋津貼

訓練：

新入職的救護員須在消防及救護學院接受為期二十六星期的留宿基礎訓練。

附註：

(1) 公務員職位是公務員編制內的職位。申請人如獲聘用，將按公務員聘用條款和服務條件聘用，並成為公務員。

(2) 申請人於獲聘時必須是香港特別行政區永久性居民。

(3)作為提供平等就業機會的僱主，政府致力消除在就業方面的歧視。所有符合基本入職條件的人士，不論其殘疾、性別、婚姻狀況、懷孕、年齡、家庭崗位、性傾向和種族，均可申請本欄內的職位。

(4)持有本港以外學府/非香港考試及評核局頒授學歷的人士亦可申請，惟其學歷必須經過評審以確定是否與職位所要求的本地學歷水平相若。有關申請人須以郵遞方式把修業成績副本及證書副本連同政府職位申請書送交九龍尖沙咀東部康莊道一號消防處總部大廈八樓委聘組。持有非本地學歷的申請人，如在網上遞交申請，必須於截止申請日期後的一個星期內以郵遞方式把修業成績副本及證書副本送交上述地址，並須在信封面和文件副本上註明網上申請編號。如申請人未能提供上　　述所需資料或証明文件，其申請書將不獲受理。

(5) 入職薪酬、聘用條款及服務條件，應以獲聘時的規定為準。

(6) 頂薪點的資料只供參考，日後或會有所更改。

(7)申請人通常會在遞交申請後一至四個星期內收到參加體能測驗及模擬實際工作測驗的通知書。通知書將會通過電郵發出，請確保已提供正確的電郵地址。通過上 述測驗的申請人將會獲邀參加能力傾向筆試 。如申請人未獲邀參加能力傾向筆 試，則可視作已落選。

(8)政府的政策，是盡可能安排殘疾人士擔任適合的職位。殘疾人士申請職位，如其符合入職條件，毋須再經篩選，便會獲邀參加遴選面試。

消防員（行動 / 海務）

Day 1 遴選（第一關）：體能測驗

適用於投考消防職系的應徵者

測試次序	測試簡述	及格標準
1	**耐力折返跑** - 考生須於一段 20 米跑道來回跑。 - 考生須按起步訊號起跑，並在下一個訊號響起之前到達對面線。 - 考生如果在下一個訊號響起之前已到達對面線，便必須停下等候，直至聽到訊號，才跑回起步那邊。 - 考生須跟隨節奏重複來回跑，節奏會逐漸加快。 - 若考生連續兩次跟不上節奏或已達到規定的跑速級別，測試便會終止。 - 考生最後的跑速級別，以及在該級別中來回跑的次數，會予以記錄。	第 7.1 級（相等於 50 次 20 米的跑程）
2	**引體上升** - 考生須於 60 秒時限內，在單槓上作「正手」握橫槓的引體上升動作。 - 當考生落槓或完成規定次數的引體上升動作或時限完畢，測試便會終止。 - 考生在時限內引體上升的次數，會予以記錄。	3 次
3	**原地跳高** - 考生須雙腳站立貼靠牆，單手伸直量度中指最高觸牆點 (示指高度)，雙腳立定垂直跳起，以單手指尖觸牆。 - 示指高度與立定跳高度之間的距離，以厘米計算便是所得分數。 - 兩次測試中，較好成績的一次會予以記綠。	45 厘米

測試次序	測試簡述	及格標準
4	**雙槓雙臂屈伸** - 考生須於60秒時限內，在平衡的雙槓作雙臂屈伸的動作。 - 當考生落槓或完成規定次數的雙臂屈伸動作或時限完畢，測試便會終止。 - 考生在時限內雙臂屈伸的次數，會予以記錄。	9次
5	**屈膝仰臥起坐** - 考生須於60秒時限內，重複屈膝仰臥起坐，而且動作必須連貫。 - 當考生躺在地墊稍作休息，或完成規定次數的屈膝仰臥起坐或時限完畢，測試便會終止。 - 考生在時限內屈膝仰臥起坐的次數，會被記錄。	35次
6	**掌上壓** - 考生須於60秒內，在地面作掌上壓的動作。 - 當考生俯伏地上或提臀稍作休息，或完成規定次數的掌上壓動作或時限完畢，測試便會終止。 - 考生在時限內掌上壓的次數，會予以記錄。	32次
7	**坐位體前屈** - 考生須坐於地上，以指尖將尺規游標盡量推前，並保持姿勢3秒。 - 3次測試中，最好成績的一次會予以記錄。	23厘米
8	**俯後撐** - 考生須於60秒時限內，在地面作俯後撐的動作，而且動作必須連貫。 - 當考生俯伏地上稍作休息，或完成規定次數的俯後撐動作或時限完畢，測試便會終止。 - 考生在時限內俯後撐的次數，會予以記錄。	25次

消防員（行動 / 海務）

Day 1 遴選（第二關）：模擬實際工作測驗

適用於投考消防隊長（行動）及消防員（行動/海務）的考生

項目	測試簡述	及格標準
1	**跑樓梯 *** - 考生須戴著消防頭盔及手套，背上一套呼吸器，從已起積的消防車 ** 的上層儲物櫃拿取一件工具和一卷輸水喉，然後帶同工具和輸水喉跑到距離消防車 10 米的建築物，再跑上三樓。 - 考生所使用的時間，會予以記錄。 - 如有以下任何情況發生，則判作不及格： (1) 未能從消防車拿取工具 (2) 拿取工具時，雙腳沒有同時觸地 (3) 途中掉下任何工具 (4) 途中失平衡 (5) 未能到達終點	34 秒內
2	**爬梯 *** - 考生須戴著消防頭盔，背上一套呼吸器，扣好安全繩，然後逐級向上爬。 - 考生爬到指定的位置後，須辨別放在地上的物件的顏色，然後逐級爬下梯子。 - 考生所使用的時間，會予以記錄。 - 如有以下任何情況發生，則判作不及格： (1) 錯誤辨別物件的顏色 (2) 從梯子上滑落 (3) 未能逐級爬上或爬下梯子 (4) 未能爬上指定位置 (5) 爬下梯子後，雙腳未能站穩 (6) 未能於限時內完成	50 秒內

項目	測試簡述	及格標準
3	**穿越隧道 *** - 考生須戴著消防頭盔及手套，及背上一套呼吸器，從 5 米外的起點跑到隧道入口，以雙手雙膝匍匐穿越隧道。 - 穿越隧道後，再跑向距離隧道出口 5 米的終點。 - 考生所使用的時間，會予以記錄。 - 如出現以下任何情況，則判作不及格： (1) 未能獨自穿越整條隧道。 (2) 未能到達終點。	19.5 秒內
4	**障礙賽 *** - 考生須戴著消防頭盔及手套，背上一套呼吸器，從消防車 ** 拿取一卷輸水喉，然後帶同輸水喉跑到距離消防車 23 米的終點，途中須踏入踏出兩個車胎，以及穿越一個門欄。 - 考生所使用的時間，會予以記錄。 - 如有以下任何情況發生，則判作不及格： (1) 將車胎踢離原來位置 (2) 在越過車胎時絆倒 (3) 途中失平衡 (4) 掉下輸水喉 (5) 觸碰門欄的頂部或側框 (6) 未能到達終點	11 秒內

【模擬實際工作測驗備註】

* 如考生未能在第一次成功通過，可重新進行該項測驗1次。他/她於該項測驗的最後一次成績會予以記錄。

**測驗時使用的儲物架是按照消防車上儲物櫃的位置仿製

救護員

Day 1 遴選（第一關）：體能測驗

救護職系應徵者的體能測驗

測試次序	測試簡述	及格標準
1	**耐力折返跑** - 考生須於一段20米的跑道來回奔跑。考生須按起步訊號起跑，並在下一個訊號響起之前到達對面線。 - 考生如在下一個訊號響起前已到達對面線，便必須停下等候，直至聽到訊號，才跑回起步那邊。 - 考生須隨節奏重複來回跑，節奏會逐漸加快。 - 若考生連續兩次跟不上節奏或已達到規定的跑速級別，測試便會終止。 - 考生最後的跑速級別，以及在該級別中來回跑的次數，會予以記錄。	第7.1級（相等於50次20米的跑程）
2	**引體上升** - 考生須於60秒時限內，在單槓上作正手握横槓的引體上升動作。 - 當考生落槓或完成規定次數的引體上升動作或時限完畢，測試便會終止。 - 考生在時限內引體上升的次數，會予以記錄。	2次
3	**原地跳高** - 考生須雙腳站立貼靠牆，單手伸直量度中指最高觸牆點(示指高度)，雙腳立定垂直跳起，以單手指尖觸牆。 - 示指高度與立定跳高度之間的距離，以厘米計算便是所得分數。 - 2次測試中，較好成績的一次會予以記綠。	43厘米

測試次序	測試簡述	及格標準
4	**雙槓雙臂屈伸** - 考生須於 60 秒時限內，在平衡的雙槓作雙臂屈伸的動作。 - 當考生落槓或完成規定次數的雙臂屈伸動作或時限完畢，測試便會終止。 - 考生在時限內雙臂屈伸的次數，會予以記錄。	7 次
5	**屈膝仰臥起坐** - 考生須於 60 秒時限內，重複屈膝仰臥起坐，而且動作必須連貫。 - 當考生躺在地墊稍作休息，或完成規定次數的屈膝仰臥起坐或時限完畢，測試便會終止。 - 考生在時限內屈膝仰臥起坐的次數，會予以記錄。	31 次
6	**掌上壓** - 考生須於 60 秒時限內，在地面作掌上壓的動作。 - 當考生俯伏地上或提臀稍作休息，或完成規定次數的掌上壓動作或時限完畢，測試便會終止。 - 考生在時限內掌上壓的次數，會予以記錄。	30 次
7	**坐位體前屈** - 考生須坐於地上，以指尖將尺規游標盡量推前，並保持姿勢 3 秒。 - 3 次測試中，最好成績的一次會予以記錄。	21 厘米
8	**俯後撐** - 考生須於 60 秒時限內，在地面作俯後撐的動作，而且動作必須連貫。 - 當考生俯伏地上稍作休息，或完成規定次數的俯後撐動作或時限完畢，測試便會終止。 - 考生在時限內俯後撐的次數，會予以記錄。	23 次

救護員 Day 1 遴選（第二關）
——模擬實際工作測驗

模擬實際工作測驗：適用於投考救護主任和救護員

項目	測試簡述	及格標準
1	**尋找器材** - 考生須戴著救護頭盔完成以下步驟： (1) 坐在救護車車頭的乘客座位上，扣好安全帶 (2) 下車，握著車門把手關門 (3) 從車尾拾級上車 (4) 在車廂內，單手拿取一件指定物件，另一手則緊握車頂扶手，雙腳必須接觸車廂地面 (5) 從車尾拾級下車 (6) 跑向距離車頭 10 米的終點 - 考生所使用的時間，會予以記錄 - 若未能完成以上任何步驟，或掉下指定物件、途中失平衡、未能到達指定的終點，則會被判「不及格」。	19 秒內
2	**釘板** 考生須完成以下步驟： (1) 站在救護車車廂內，單手緊握車頂扶手，另一隻手平放於抬床上的釘板上，雙腳必須觸地 (2) 將一顆釘放入一個釘孔內 (3) 重複步驟 (2)，直至 10 顆釘都放入釘孔內 (4) 將手掌平放於釘板上，示意完成 - 考生所使用的時間，會予以記錄 如有以下任何情況發生，則被判作「不及格」： (1) 未能緊握扶手 (2) 任何一顆釘掉下，而考生無法以測試規定姿勢找回 (3) 未能將所有釘放入釘孔內 (4) 未能將手掌放在釘板上示意完成 (5) 緊握扶手時，未能雙腳接觸車廂地面	24.5 秒內

項目	測試簡述	及格標準
3	**障礙賽** - 考生須戴著救護頭盔，背上負重的救護背囊，拿著一個負重的急救包向終點出發，跑程 10 米，途中須踏入踏出 3 個車胎，以及穿越一個門欄。 - 考生所使用的時間，會予以記錄。 - 如有以下任何情況發生，則判作不及格： (1) 將車胎踢離原來位置 (2) 越過車胎時絆倒 (3) 途中失平衡 (4) 掉下任何物件 (5) 觸碰門欄的頂部或側框 (6) 未能到達終點	5 秒內
4	**跑樓梯** - 考生須戴著救護頭盔，背上負重的救護背囊，一隻手拿著一個心臟去纖震器，另一隻手則拿著一個負重的急救包，從地下跑上 3 樓。 - 考生跑上 3 層樓的時間，會予以記錄。 - 如有以下任何情況發生，則判作不及格： (1) 掉下任何工具 (2) 途中失平衡 (3) 未能到達終點	22 秒內

消防員（行動 / 海務）/ 救護員
Day 2 遴選（第三關）：能力傾向筆試

投考「消防員（行動/海務）」及「救護員」的能力傾向測試，試卷共分為5部份，全部均是選擇題形式及以中文作答，當中包括：

1. 語言理解（中文）
2. 語言理解（英文）
3. 數字理解
4. 視覺空間理解
5. 機械知識理解

能力傾向測試短評

1. 語言理解（中文）及 2. 語言理解（英文）

題目是由3至6行之文字段落所組成之文字推理，約4至5條題目，但題目形式只集中2至3類，例如：排除形式、比較形式、隱含形式。

建議每題首先看清楚題目的要求，再閱讀歸類，因為段落較長，容易受擾亂，小心題目字眼！

3. 數字理解

只要具備中小學數學程度，在掃描題目後，其實應該可以大約知道如何計算，但是關鍵是計算之速度，因為時間有限。

例如曾經出過的數字理解題目：

9+99+999+9999+99999 = ？

計算的特快方法，可將數列理解為：

10+100+1000+10000-5＝111110-5＝111105

4. 視覺空間理解

用以評估考生對空間的觸覺

5. 機械知識理解

試題集中在基本力學原理、熱學和波動學層面，考生應掌握一些基本的力學常識，否則不可能選出正確的答案。

【提提你】

「能力傾向測試」的考卷時間通常為60分鐘，答題大約60條，即是考生要在每條題目的作答時間平均為1分鐘，故此是沒有時間覆卷。

建議有意投考者，多練習模擬試題，所謂工多藝熟，除了可訓練腦筋外，更可提高分析及盡快完成題目的能力。

香港科技專上書院 (HKIT)「消防員 / 救護員實務 毅進文憑」的學生獲安排參觀位於將軍澳百勝角的「消防及救護學院」。活動由課程顧問「前消防處副消防總長盧樹楠先生」（圖前排右二）帶領，參觀學院內的各項設施，讓學生加深對消防處的認識。

其後，學生們均對學院內的訓練生活和「消防員 / 救護員」之前線工作充滿熱誠，並且冀望能夠立即成為當中的一份子，實踐「烈火雄心」及「救護英雄」的理想。

消防員（行動 / 海務）/ 救護員：

Day 3 遴選（第四關）：面試

遴選第3關面試時，考官會圍繞以下範疇的問題，評估考生整體表現，從而判斷考生是否適合擔當此職位：

(1) 自我介紹

(2) 自身問題

(3) 消防/救護知識

(4) 時事新聞題

(5) 處境問題

(6) 雜項問題

投考消防員(行動/海務)/救護員:面試 (Selection Interview) 常見問題

【自身問題】(投考消防員)

- 你覺得作為一位消防員,應要具備哪些條件/質素?

你有哪些「優點」,足以令我們一定要聘請你成為消防員?

你覺得自己有甚麼「能力」,勝任消防員職位?

你覺得自己有甚麼「特質」,適合成為一位消防員?

重點講述你有何「優點」可以成為消防員?

為何你會覺得自己適合成為消防員?

你為何要選擇做消防員,原因為何?

為何我要聘請你,而非其他人?

- 上次投考消防員失敗的原因?如何改進?為應付今次面試,又做了甚麼準備?

你自認好有誠意投考消防員?那麼你是如何準備來參加面試?

你是為「人工高、福利好、房屋福利好」而想做消防員嗎?

如何看到你有投考消防員的決心?

如果今次依然未能通過遴選成為消防員,你會有甚麼打算?

你到來面試的時候,有沒有留意沿途有甚麼消防設施?其位置在哪?

- 請講出你的學歷?

畢業後還有繼續進修嗎?

你有無想過繼續去進修?

為何沒有繼續進修學位課程？

你覺得進修有甚麼作用？

為何在畢業後沒有立即投考消防員，要等到現在才投考？

你在大學的學習過程之中，學到哪些東西可以應用於消防員的工作？

你是大學生，為何沒有直接去投考消防隊長，而要前來投考消防員一職？會否覺得大材小用？

你是大學生，擁有高學歷，如果聘請你成為消防員，會否感到與其他同事格格不入呢？

- 講述你過去與現在的工作經驗及工作性質？

講述之前的工作有哪些喜歡與不喜歡的地方？

為何經常轉工？是否與人相處上出問題？

為何不從事與本科相關的行業？

為何辭退之前的工作，選擇做消防員？

你現時的工作情況如何，何解會想轉做消防員？

你覺得現時的工作，跟消防員的工作有甚麼關係？

過往的工作經驗裡，有哪些方面可以應用於消防員工作上？

你是否於現時的工作有不滿的地方，所以才想轉做消防員？

為何在畢業之後，沒有找工作？那麼你在失業期間，做過甚麼事情？

為何在畢業之後，只做兼職工作卻不做全職？

- 消防工作是紀律部隊之中，風險最高的一支，你有沒有心理準備？

其實消防員的工作好辛苦，你是否考慮清楚？

假如聘用你為消防員，你能夠對消防處作出甚麼貢獻？

你自己有沒有想過，將來在消防處會有甚麼發展空間？

你覺得自己成為消防員之後，需要用多少年才可以升職？

如果將來發覺，消防員的工作原來與你的理想有出入，你會如何面對？

- 你有沒有投考其他紀律部隊？

除了消防處外，你為何要投考其他紀律部隊？

為何該支紀律部隊沒有聘用你？

如果你同時被多支紀律部隊聘用，你會怎樣選擇？

- 介紹家人的背景及職業？

你平時有何興趣及活動？

你有沒有為自己定下甚麼人生目標？

你喜愛甚麼類型的運動？有沒有參加任何公開比賽？

你有沒有做過義工？ 何時開始做義工？ 有甚麼實際的例子？

你有沒有做過制服團隊？ 從制服團隊之中，學到甚麼的事情？

【有關消防工作的問題】

- 消防處「處長」是誰人?

消防處「副處長」是誰人?

消防處的「職責」是甚麼?

消防處的「理想、使命、信念」是甚麼?

消防處的「服務承諾」?

消防處有那些「刊物」?

消防處有多少個「總區」?

消防處有多少名「人員」?

全香港有多少間「消防局」?

消防處最新成立的部門/ 隊伍?

「社區應急準備課」是甚麼部門?

香港法例第95章《消防條例》及附屬法的內容是甚麼？

- 消防處處長及副處長是誰？

消防處的架構？

消防處的階級？

消防處有多少人員？

消防處的簡要歷史？

消防處總部地址在哪裡？

- 消防處的「理想及使命」是甚麼？

消防處的「服務承諾」是甚麼？

消防處的「職責」是甚麼？

- 消防處的工作？

消防員除了滅火外，還要做哪些工作？

你對於消防處有哪些認識？

試講消防處最新成立的部門/隊伍？

消防處有何最新動向？

消防員在工作中，會面對哪些危險？

何謂「四管齊下」？

何謂「四紅一白」？

鐵路發展課是甚麼？

你覺得消防員在現今社會上，擔當甚麼角色？

消防處是隸屬於3司13局裡的哪一個局，該局的局長又是誰？

消防處最近有甚麼新推行的方案，可以提供更好的服務予市民大眾？

- 消防處總共有多少個總區？

消防處「7個總區」以及「行政科」是做甚麼呢？

消防處「總部總區」的工作是做甚麼呢？當中有哪些部門？

消防處「消防安全總區」的工作是做甚麼呢？當中有哪些部門？

消防處「牌照及審批總區」的工作是做甚麼呢？當中有哪些部門？

- **有哪些香港法例與消防處有關，該些條例的名稱又是甚麼？**

香港法例第95章《消防條例》及附屬法的內容是甚麼？

香港法例第295章《危險品條例》及附屬法例的內容是甚麼？

香港法例第464章《木料倉條例》及附屬法例的內容是甚麼？

香港法例第502章《消防安全（商業處所）條例》的內容是甚麼？

香港法例第572章《消防安全（建築物）條例》的內容是甚麼？

香港法例第573章《卡拉OK場所條例》及附屬法例的內容是甚麼？

2003年消防（修訂）條例及消防（消除火警危險）規例簡介的內容是甚麼？

- **九龍總區有哪幾個分區？**

港島總區有哪幾個分區？

新界總區有哪幾個分區？

九龍西分區有哪幾間消防局？

中區有哪幾間消防局？

香港有幾多間消防局同滅火輪消防局？

滅火輪消防局是屬於哪個分區？

你居住的地方是屬於哪個總區及分區？

最近你居住的地方有哪間消防局？

- **「牌照及審批總區」有哪些工作？**

「牌照及審批總區」負責制訂及執行哪些政策和規例？

「牌照及審批總區」會按職能分為哪8個部分？

「牌照及審批總區」會借調人員予哪些政府部門執行職務？

- **消防安全裝置由哪個總區負責？**

試講出一些消防設備。

消防裝置承辦商有幾多級？

消防裝置或設備是甚麼？

灑水系統是甚麼？

如果想裝設灑水系統，應找哪類承辦商？

在哪裡可找到合資格的消防裝置承辦商？

可否說出你居住的地方/大廈內，有幾多種消防設備？

- 消防局的局長是屬於哪個職級？

一隊之中，最高的職級是甚麼？

消防員日常當值的24小時會做甚麼？

消防員在不需要出勤時，會在局內及局外做甚麼？

- 消防處在三司十三局之中，是隸屬於那一個「局」？

消防通訊中心現時的配備，是那一代的調派系統?

消防處共有多少輛流動指揮車，在大型事故現場作為指揮和控制中心?

- 消防車會有哪些裝備/工具？

試講出你所認識的消防車種類。

試講出其中四樣屬支援性的消防車輛。

「油壓升降台」與「鋼梯車」有何不同？

- 消防出動的基本動員人數？

一般火警會出動哪些類型的消防車？

如果發生三級火警，會出動哪類消防車？

如果油庫發生大火，會出動哪類消防車？

火警分第1級至第5級，請詳細解釋。

火場裡會有哪些危險？

– 消防處共有多少間「滅火輪」消防局?

你對於消防處有甚麼認識? 盡量講?

消防處的「特別服務召喚」涵蓋那些事故？

- 消防處總共有多少艘船？

    消防指揮船停泊在哪裡？
    消防指揮船是甚麼顏色？
    消防處有哪類型的船隻？
    消防處哪兩艘船有較特別的命名？
    消防船除了滅火輪還有甚麼船隻？
    輔助用途的消防船又叫甚麼名稱？

- 現時機場有多少間消防局？

    為何機場要有兩間消防局？
    位於機場附近的兩間消防局的名字是甚麼？
    機場有多少間海上救援局？
    機場的兩間海上救援局的名字是甚麼？
    機場消防局有哪些消防車？總共有多少架？
    機場消防局有哪些消防船？總共有多少架？
    當飛機發生意外後，消防員會於多少分鐘內到達現場？

- 滅火筒有多少類型？

    甚麼是「淨劑滅火筒」？淨劑滅火筒的用途是甚麼？
    甚麼是「乾粉滅火筒」？乾粉滅火筒的用途是甚麼？
    甚麼是「泡沫式滅火筒」？泡沫式滅火筒又有何用途？
    甚麼是「二氧化碳滅火筒」？你知道二氧化碳滅火筒有何用途嗎？
    怎樣分辨哪些屬於「CO2滅火筒」？
    一般來說，「水劑滅火筒」內有幾多升水？
    「電火」應該用哪種滅火筒處理？
    如果有油著火，應該用哪些滅火筒？
    如果在你前面的枱，你會選擇用哪種滅火筒救火？
    滅火筒是由哪些人負責保養？

一般來説，「二氧化碳」滅火筒的重量是多少？

「乾粉滅火筒」是如何運作？

- 甚麼是「危險品」？

現時危險品有幾多分類？

油渣是屬於哪類危險品？

危險品會有甚麼特別監管？

甚麼是豁免量？

汽油的豁免量是多少？

-可飲用酒精會有哪些「豁免量」？

壓縮氣體是屬於第幾類危險品？

哪些危險品不受消防處管轄？

哪些危險品要由消防處處長發牌？

「石油氣」同「煤氣」有甚麼分別？

二氧化碳是否危險物？

氯氣是否屬於危險品？

- 街上哪種設施屬於消防處？

在街道上的「街井」，會有甚麼顏色及類型區分？

公共屋邨一般會有甚麼滅火設備？

每層大廈都有消防喉轆，講解其用法。

使用消防喉轆時，為何需要首先觸動警鐘？

- 消防處是怎樣調派「消防車」和「救護車」到達事件的現場？

消防員有甚麼工作可以為傷病者提供有效率的服務？

消防員所負責的救護工作是甚麼？

先遣急救員會在哪6種情況下出動？

- 消防處「第三代調派系統」是甚麼？

  消防處通訊中心的位置、用途及主要負責處理甚麼的工作？
  消防處擬斥資多少，並預計於哪一年更換為「第4代調派及通訊系統」？
  消防處「第4代調派及通訊系統」會於哪裡設置兩個同時運作的「通訊中心」？

- 「消防及救護學院」的位置是在哪裡？

「消防及救護學院」院長是誰人?
「消防及救護學院」有甚麼設施?
「消防及救護學院」那些是屬於「救護訓練」的設施？
「消防及救護學院」最近的「救護站」是那一間呢？

- 甚麼是「高空拯救專隊」？

  高空拯救專隊的主要職務是甚麼？
  隊員均須接受為期多久的訓練？

- 甚麼是「危害物質專隊」？

  隊員由哪些小組的成員所組成？
  隊員每隔多少年，須修讀覆檢課程？
  專隊主要向處理危害物質事故的現場總指揮官提供哪些建議？

- 甚麼是「坍塌搜救專隊」？

  坍塌搜救專隊的主要職責是甚麼？
  坍塌搜救專隊的訓練場地在哪裡？

- 甚麼是「火警調查犬組」？

火警調查犬組的主要職責是甚麼？

火警調查犬組轄下有多少支火警調查犬隊？

每隊有多少名領犬員及火警調查犬？

- 甚麼是「先遣急救員」？

先遣急救員計劃在哪年開始實施？

先遣急救員計劃的主要功能是甚麼？

先遣急救員在哪些情況下才會出動？

哪些消防局駐有「先遣急救員」？

哪些人會受訓成為「先遣急救員」？

- 甚麼是「通訊支援隊」？

通訊支援隊在哪年成立？

通訊支援隊的主要職責是甚麼？

通訊支援隊是由哪些人員所組成？

通訊支援隊會在發生何種級別火警時，應現場總指揮官的要求出動？

- 甚麼是「消防處義工隊」？

消防處義工隊在哪年成立？

消防處義工隊的宗旨是甚麼？

消防處義工隊是由哪些人員所組成？

消防處義工隊所提供的社區服務是甚麼？

消防處義工隊所提供的火後服務是甚麼？

消防處義工隊會提供哪些服務範圍，幫助有需要的市民？

- 甚麼是「打鐵趁熱計劃」？

「打鐵趁熱計劃」是在哪年推出？

「打鐵趁熱計劃」會於何時展開消防安全的宣傳活動？

- 甚麼是「救心先鋒計劃」？

參加「救心先鋒計劃」，需要哪些的資格？

獲委任為「救心先鋒」的人士，他們須履行哪些責任？

於2016年底，有多少名合資格使用自動心臟去顫器的人士，獲委任為「救心先鋒」？

- 甚麼是「公眾聯絡小組」？

公眾聯絡小組成立的目的是甚麼？

公眾聯絡小組的成員是如何組合？

公眾聯絡小組成員的任期為多久？

公眾聯絡小組成員的任期是由每年哪個月份開始？

公眾聯絡小組成員的任期是否可以延長？

公眾聯絡小組小組每年最少舉行會議多少次？

公眾聯絡小組的成員，是否會獲得報酬？

如何申請成為小組成員？

- 甚麼是「消防安全大使」？

參加者需要參加為期多久的訓練課程？

消防安全大使的訓練課程，包括了哪些內容？

消防安全大使的任期是多久？

獲委任為「消防安全大使」的人仕，要履行哪些責任？

甚麼是「消防安全大使獎勵計劃」？

「消防安全大使獎勵計劃」之目的及有哪些獎項級別？

- 甚麼是「樓宇安全特使」計劃？

「樓宇安全特使」計劃之目標、使命、對象是甚麼？

「樓宇安全特使」之資格及職能？

「樓宇安全特使」訓練課程之內容，分為多少部分？

- 消防處與其他政府部門經巡查後，獲悉全港共有多少間「迷你倉」？

巡查期間，發現「迷你倉」普遍存在哪些火警隱患？消防處已就其中多少間存在火警隱患的迷你倉發出「消除火警危險通知書」？

- 甚麼是「消除火警危險通知書」？

如果收到「消除火警危險通知書」，應該怎樣處理？

- 甚麼是「火警危險」，有何定義？

如果在走廊見到有「雜物阻塞」，你會如何跟進？
如果發現後樓梯有「阻塞」，可以怎樣投訴？投訴電話是甚麼？
市民如想投訴有關「火警危險」，有何方法？可以找哪些部門跟進？

- 甚麼是「火災危險警告」？

火災危險警告分哪兩種顏色？
火災危險警告有何意義？

- 消防處「Facebook」有甚麼最新的動態?

「消防處Youtube」頻道有甚麼內容?

- 甚麼是「消防處流動應用程式 (FSD APP) 」？

香港消防處推出「香港消防處流動應用程式」之目的？
「香港消防處流動應用程式」有甚麼的內容？
你有沒有下載使用此「香港消防處流動應用程式」？

- 香港消防處YouTube有甚麼的內容？

你有沒有看過「香港消防處YouTube」？
你對「香港消防處YouTube」有甚麼意見？

- 現時「消防員」的起薪點及頂薪點是多少？

  消防員有何福利？

- 在2002年退役的亞洲最大「滅火輪」叫甚麼名？

  退役之後去了哪裡？

- 你家中最就近的「變壓站」位於哪裡？

  變壓站內會有哪些滅火設施？

  你所住的大廈有哪些消防設備？

  大廈的消防喉轆是如何使用？

- 有沒有看過《火速救兵》？

  《火速救兵》系列於哪一年開始製作及拍攝？

  《火速救兵》系列輯共有多少輯？

  《火速救兵》系列改編自哪些真實個案？

- 甚麼是「逃生三寶」？
- 甚麼是「消防周記」？
- 鐵路發展課是負責甚麼的工作？
- 業主有何責任保障自己大廈的消防安全？
- 應對「劏房」問題，你認為消防處有甚麼可行措施？
- 有無看過「消防處」的網頁？如果有，看過哪些內容？
- 在執行「滅火」、「救人」的同時，你對於消防處近年著重推廣「教育」及「宣傳」，有何意見？
- 如果因為行動上的需要，使沿途的交通燈轉為「綠燈」，應如何做？

【處境問題】

處境問題是面試時常見的問題，我們試舉一較為簡單的例子，以茲説明：

【例】：如果你奉召出動去處理一宗電梯困人事件，但途中碰到一宗嚴重交通意外，有人被困車內，並嚴重受傷，你當時身為消防車主管，你會怎樣處理？

回答處境問題時的基本原則：

面試時，討論這類問題的目的，主要是評估考生在處理較為複雜，或牽涉兩難的處境時，考生作出適時的反應，如何透過分析問題，思考並斟酌個中利弊，如何應用輕重緩急的法則，去作出一個較為合情合理的決定。

以下是處理這類問題的基本思考原則：

1. 先清楚了解問題；
2. 如果你認為欠缺一些關鍵資料，可婉轉及禮貌地向面試官提問。（考生要留意：有時考官會故意遺漏一些重要或必要的資料，測試考生會否在欠缺關鍵資料下，仍草率地作出回應）；
3. 小心分析問題，按照輕重緩急的法則，應用普通常理，作為思考問題時的出發點。在以上例子中，很明顯，消防車主管應優先考慮處理該宗交通事故，救傷者。因為，我們總不能見死不救，另外考慮到電梯困人事件，絕大部分情況都不會牽涉到生命危險，權衡這兩個事件所衍生的可能後果，先行處理交通意外，明顯會比先處理電梯困人事件較為合理。
4. 請緊記：無論你決定如何處理問題，必須提供背後的充分理據，去説明並支持為何你會作出這樣的決定。
5. 不要忘記有需要時，你要立即要求增援，例如要求調派中心出動其他車輛到場增援。並提醒調派中心補派車輛去處理電梯困人事件！
6. 最後，視乎情況；可先諮詢上司意見。

對應處境問題時，一般而言，我們可把以下的條件，作為優先考慮的元素：

1. 與人命有關作為首要考慮。
2. 以事件的緊急程度為先。
3. 以「已經被確認發生」 的緊急事故為先。
4. 以當時擁有的資源，最能掌握並成功完成的工作為先。

思考處境問題 — 不應納入考慮的元素：

1. 待救者的個人背景，例如：職業、年齡、性別、種族等（人人平等）。
2. 罔顧眼前的嚴重災難，反而去處理一些還未經確認的緊急事故報告。

【處境問題】（投考消防員）

- 這刻你去到火場，知道有石油氣快要爆炸，而隊長還要你入去救火救人，你會怎樣處理？
- 這刻有個8歲的兒童在火場入面，但是現場只得你自己一個，你會否去救他，以及可以用甚麼方法去救他呢？
- 現時你要帶裝備到4樓救人，但是去到某一層的時候，突然之間遇到一位亞婆，亞婆話有人暈倒在這一層，你會怎樣做？你會繼續拿裝備上去4樓，還是去救人？
- 這刻你去到一幢發生火警的大廈，上司要求你拉喉到10樓，但拉喉到達5樓的時候，突然見到有人需要急切幫助，你會怎樣處理？
- 這刻你去到一個3級火的現場，期間隊長叫你去4條街外駁喉取水，期間有人話有個小男孩受傷，該人話帶你去個小男孩受傷的地點，你會怎樣處理？
- 現時你去到處理火警的現場，期間隊長叫你Standby不要走開，但期間有人過來話有人剛剛跳海，你會否走開然後去救人？
- 現時你與隊長一起去巡視，期間發現一個非法紅油庫，於是你隊長去搜證，並且命令你一個人看守證物，千叮萬囑你唔好行開，期間，突然之間有人向你求救，話兩條街外有人車禍受傷，要你立即去幫手急救，你會點做？

- 這刻你是消防員，假如有一幢建築物的20樓有火警發生，你會怎樣做？
- 這刻你是消防員，在出車期間，有隊員突然心臟病發，你會怎樣做？
- 如果你現時居住地方的對面單位火警，你會怎樣做？
- 如果有個人在屋入面暈倒，你會怎樣做？
- 如果你在家中發現有氣體洩漏，你會怎樣做？
- 你在家中，正在出門口返工的時候，見到走廊有人暈倒，而且聞到強烈的煤氣味，你會點做？
- 你正在去處理一宗「電梯困人」事件，前面有一部的士接載一名孕婦，的士司機突然人事不省導致急剎車，保姆車追撞，司機因而受困，保姆及學童均受輕傷，現在只剩下你一架車在場，你會怎樣做？
- 假如有一輛的士，該的士司機在駕駛期間突然在車內暈倒，但是的士車廂內當時有一名孕婦，而且是帶同了一名5歲的小孩子，你會怎樣做？
- 你在屯門公路，你乘搭的雙層巴士車尾突然冒煙着火，而且撞了在前面的泥頭車，然後停低，巴士司機已經不醒人事，並且無呼吸、無脈搏，你會怎樣做？
- 你是一宗「企圖跳樓自殺」案件的現場主管，期間有警隊的「談判專家」在現場，這刻當你認為需要馬上執行游繩救人時，「談判專家」竟然叫你等陣，你會怎樣做？

自身問題（投考救護員）

自我介紹 1分鐘?

你為甚麼希望成為「救護員」？

你今次是第幾次投考「救護員」？

有甚麼原因，可以説服我要請你？

為甚麼要請你，而唔請其他考生？

假如今次未能通過遴選程序，你會點？

為何要請你做「救護員」，畀一分鐘你講?

你上一次投考「救護員」，去到那個階段？

你有沒有檢討，為何上一次投考「救護員」失敗?
你覺得自己有甚麼「優點」，適合成為「救護員」?
你付出了甚麼，從而證明你對「救護員」的工作是充滿熱誠?
如何能夠證明你對於「救護員」這項工作，是充滿無限熱誠?
你已經是「紅十字會」的成員，為甚麼還想要投考「救護員」？
你有沒有參加任何「義工活動」？為甚麼沒有參加「義工活動」?
你有沒有參加任何「製服團隊」？為甚麼沒有參加「製服團隊」?
你覺得自己，有甚麼能力，可以勝任「救護員」這項艱鉅的工作?
你為何會放棄做了多年的「救生員」，突然想轉行做「救護員」？
你是不是為了「人工高、福利好、有宿舍」而投考「救護員」呢？
你從來沒有接觸任何救護的工作，點解你會覺得適合成為「救護員」?
你成為「救護員」之後，在工作上會經常見到屍體，你是否可以勝任?
你係「醫療輔助隊」的成員，同「救護員」既工作有甚麼相似的地方？
你覺得自己有甚麼「地方」，適合成為「救護員」，畀一分鐘時間你講？
畀一分鐘時間你，講畀大家知，你有甚麼「特質」，適合成為「救護員」?
你話想救人，但係其他「紀律部隊」都可以救人，點解你要選擇成為「救護員」?
你點解唔去做AMS(醫療輔助隊)又或者「紅十字會」攞多一些經驗，然後才投考「救護員」？
你過去以及現在的工作，同「救護員」的工作性質完全不一樣，點樣可以幫到你將來做「救護員」?

你有沒有考急救牌?
你為甚麼沒有考急救牌?
你有沒有車牌?
你為甚麼沒有考車牌?
你可以駕駛那類型的車輛?
你現在是做那些工作的?
你為甚麼之前經常轉工?

你為甚麼失業了那麼久?
你為何在過去一年，只是做兼職的工作?
你在日常工作之中，曾經遇到甚麼的突發事故？
你現時的工作情況如何，為何會想轉做「救護員」？
你是否對於現時的工作有不滿的地方，所以才想轉做「救護員」？
你為何在畢業之後，沒有立即投考「救護員」？要等到現時才投考呢？
你為何在畢業之後，沒有找工作，那麼你在失業期間，做過甚麼事情？
你過往的工作經驗裡，有那方面可以應用於「救護員」的工作上？舉一些例子看看？
你以往的工作，均與「救護員」的工作沒有任何關係，為甚麼現在希望成為「救護員」？

你屋企最近的「消防局」是哪一間?
你屋企最近的「救護站」是哪一間?
你屋企最近的「醫院」又是哪一間?
你有沒有參加由「消防處」所舉辦的任何活動?
你有沒有參觀過「救護站」? 在「救護站」裡，你見到啲咩?
你有沒有參加「消防及救護學院開放日」？ 有甚麼節目內容？
你有沒有參加「救護信息教育車」的巡迴展覽？為何沒有參加？

你現在仍然讀緊書，為何投考「救護員」?
你是一名大學畢業生，為何會投考「救護員」？
你是一位大學生，擁有高學歷，如果聘請你成為「救護員」，將來會否感到與其他同事格格不入呢？
你是一位大學生，為何沒有直接去投考「救護主任」，而要前來投考「救護員」此一職位呢？會否覺
得大材小用呢？

你為何同一時間申請做「救護員」以及「消防員」，其實你想做邊一樣？
如果「救護員」、「消防員」、「警員」，都一齊請你，你會如何選擇，點解？
你到來面試場地的時候，有沒有留意沿途有甚麼「救護」設備？其位置是在那裡？
你說認識一些朋友是做「救護員」，那麼你是否知道「救護員」的實際工作是如何?
你說「救護員」可以幫到人，其實「消防員、警員」都可以幫到人，點解你要選擇做「救護員」？
你無「急救牌」、無「工作經驗」、無「人生經驗」、點反映你係有熱誠並且適合成為「救護員」？
你知不知道「救護」的實際工作情況，其實並非你想像中的那樣刺激，好多時候都只係處理「肚痛」、「老人家氣促」等事情！你現在還會繼續投考「救護員」嗎？

你有沒有投考其他的「紀律部隊」？
為何該「紀律部隊」沒有聘請你？
如果你同時被多支「紀律部隊」聘用，你會如何選擇？
你既然投考了其他的「紀律部隊」，為何還投考「救護員」？

救護問題

救護總區的架構?
救護總長是誰人?
救護員的階級名稱?
救護員的職責是甚麼?
救護員的人員數有多少?
救護員日常有甚麼工作?
救護員幾多歲可以退休?

救護員須受那些紀律約束?
救護員會遇上甚麼的挑戰?
救護員會有那些「福利」?
救護員的「起薪點」是多少?
救護員的「頂薪點」是多少?
救護員的「每一更」是多少小時?
救護員的「輪班制度」是怎麼樣的？
救護員如何判斷傷者是「明顯死亡」？
救護員平均每天需要處理多少個「緊急病人」？
救護員需要具備甚麼條件，才可以成功通過三年的試用期？
救護員的「升級制度」，以及如何能夠晉升為「救護隊目」？

救護員的工作，是風險最高的其中一支紀律部隊，例如需要處理「新冠病毒肺炎」，你有有信心嗎？
其實「救護員」的工作好辛苦，你是否已經考慮清楚呀？
你覺得自己成為「救護員」之後，需要用多少年的時間，才可以升職？
假如聘用你為「救護員」，你能夠對消防處的救護工作，作出那些貢獻？
你自己有沒有想過，將來在「救護員」的工作範疇，會有甚麼的發展空間？
如果將來發覺，「救護員」的工作原來與你的理想有出入，你會如何面對？
你對於消防處的「救護」工作，有沒有任何建議，例如可以改善的地方？

救護員在大型事故之時，會穿著那一種制服？
救護員會有多少 “級” 的「制服」呢？
救護員的「一級制服」是怎麼樣的？有甚麼的用途? 何時才能穿著?
救護員的「二級制服」是怎麼樣的？有甚麼的用途? 何時才能穿著?
救護員的「三級制服」是怎麼樣的？有甚麼的用途? 何時才能穿著?
救護員的「事故現場制服」是怎麼樣的？有甚麼的用途? 何時才能穿著?

救護員在入班時，會接受那些訓練?

救護員在入班時，須在消防及救護學院，接受為期多久的留宿訓練?

消防及救護學院有甚麼設施，是與「救護員」的訓練有關?

救護員除學習救護知識和技巧外，還會學習些甚麼？

全香港有多少間「救護站」？

港島區有多少間「救護站」？

九龍及新界有多少間「救護站」？

最近落成的「救護站」是在哪裡？

將會落成的「救護站」是在哪裡？

你自己住的地點，最近的「救護站」是那一間？

消防處正在計劃於那處，設置新的消防局暨「救護站」？

救護車調派中心的電話號碼?

有多少輛「救護車」？

有多少輛「鄉村救護車」？

有多少輛「急救醫療電單車」？

有多少輛「流動傷者治療車」？

甚麼是「快速應變急救車」？有甚麼功能?

甚麼是「特別支援隊」救護車? 有甚麼功能?

甚麼是「轉院救護車」？有甚麼配備? 負責執行那些服務召喚?

有沒有聽過「救護信息教育車」？有甚麼宣傳作用？有甚麼功能?

就你所知，「救護車」上會有那些裝備/ 工具？

試講出你認識的「救護車」種類？

現時”日更”常規「救護車」每天有多少輛？

而”夜更”又有多少輛常規「救護車」呢?

救護車「短日更」的當值模式是怎樣?

一部「救護車」，應該有多少人?

甚麼是「紅牌，綠牌」?
甚麼是「EMA 1」及「EMA 2」?
如何獲得「EMA 2」?
EMA 救護車會有甚麼藥物?
EMA 救護車會提供怎樣的救護服務?

除了消防處，還有有甚麼機構，同樣會提供「救護服務」?
那一些機構會提供「非緊急救護車服務」?
甚麼是「輔助醫療救護服務」?
在「輔助醫療救護車」上，會有那些不同的藥物?
究竟「輔助醫療救護服務」，如何能夠幫助緊急傷病者?
在部份「輔助醫療救護車」上，更會配備那些更先進的藥物及儀器?

甚麼是「救心先鋒」計劃?
消防處那一個「總區」以及那一個「課」負責「救心先鋒」計劃?
參加「救心先鋒」計劃，需要那些的資格?
獲委任為「救心先鋒」的人士，他們須履行那些責任?
於2018年年底，有多少名人士獲委任為「救心先鋒」?

甚麼是「調派後指引」?
消防處自那一年起，提供簡單的「調派後指引」服務?
救護服務提供「調派後指引」，主要是針對那些傷病者?

甚麼是「救護車電子出勤記錄系統」?
何時開始使用「救護車電子出勤記錄系統」?

甚麼是「 St. John」?
聖約翰救傷隊，會於那些「大型活動」或「人群聚集」的場合當值?

甚麼是「任何仁」？
甚麼是「生存鏈」？
甚麼是「輔助醫療」？
甚麼是「短日更救護車」？
甚麼是「濫用救護服務」？
甚麼是「非緊急救護服務」？
甚麼是「行車影像記錄器」計劃?
甚麼是「社區心肺復甦法及除顫器教育講座」？

甚麼是「SSU(Special Support Unit)」？
甚麼是「PdA(Post-dispatch Advice)」？
甚麼是「PET(Paramedic Equipment Tender)」？
甚麼是「MCTC(Mobile Casualty Treatment Centre)」？
甚麼是「AED (Automated External Defibrillator)」？
「自動體外心臟去顫器(AED)」 有甚麼功能？
如何使用「自動體外心臟去顫器(AED)」？
點解「自動體外心臟去顫器(AED)」 要放出大電流？
每遲一分鐘使用「AED」救人，存活率會下降多少？

甚麼是「心外壓/CPR」？
如果進行「心外壓」期間，發現胸骨骨折，應該如何處理？
在進行「心外壓」的位置，應該是那一處?
在進行「心外壓」期間，每分鐘按壓頻率應為多少次?
在進行「心外壓」期間，下壓深度應為多少厘米?
在進行「心外壓」期間，有甚麼需要注意?
何謂高品質CPR？ 高品質CPR的口訣？

去年救護召喚總數，達到了多少宗？

去年共載送多少名傷病者前往醫院及診所？

如果「非本港居民」使用急診室的收費是多少？

流感個案增加，對於「救護員」的工作會有甚麼影響？

救護車主管在甚麼情況下，會判斷毋須為傷者進行施救?

救護車將病人送到醫院之後，醫院會用何種方式，分流處理病人？

消防處的「調派系統」，當有召喚時，會如何調派「救護車」去現場？

假如該區在同一時間內，有兩架「救護車」，又會如何調派執行召喚？

如何申請出席「擊活人心」- 自動心臟除顫器的課程?

年滿多少歲或以上的公眾人士，可以免費報名參加「擊活人心」- 自動心臟除顫器課程?

有沒有聽過「香港消防處救護員會」？何時成立？有甚麼用途? 有多少會員?

市民濫用「救護車」服務的數字逐年遞增，令到救護員為各種非緊急情況疲於奔命，針對此問題，有何解決的建議?

【救護總區的問題】

- 救護總長是誰？

救護副總長是誰？

救護員的階級？

救護員的職責？

救護總區的架構？

救護總區內劃分了多少區？

救護車的服務承諾是怎樣？

- 救護車主管的階級是甚麼？

救護員的日常工作？

你對救護員的工作有多了解？

救護員的工作時間以及輪班制度是怎樣？

- 救護車有多少種型號？

救護車上有甚麼裝備？

救護車上有甚麼藥物？

「快速應變救護車」的作用是甚麼？

- 甚麼是「調派後指引」？

消防處自哪一年起，提供簡單的調派後指引服務？

救護服務提供調派後指引，主要是針對哪32種情況？

那6種傷病情況的救護召喚，會提供簡單的調派後指引服務？

- 香港的救護服務，大致分為哪兩大類？

緊急救護服務主要為哪些傷病者提供送院前治理？

非緊急救護車提供哪些服務？

香港的救護服務由哪些政府及非政府機構提供？

- 甚麼是「救護車電子出勤記錄系統」？

何時開始使用「救護車電子出勤記錄系統」？

- 甚麼是「特別支援隊」？

何時成立「特別支援隊」？

成立「特別支援隊」之目的？

現在有多少隊「特別支援隊」？

- 甚麼是救護車「短日更」？

何時推行救護車「短日更」？

救護車「短日更」會在九龍東區的哪兩個救護站試行？

救護車「短日更」的當值模式、時間是如何？

- 甚麼是「行車影像記錄器」試驗計劃？

「行車影像記錄器」共有多少個定焦鏡頭？

安裝「行車影像記錄器」之目的？

- 甚麼是「EMA」救護車？

「EMA」救護車與「普通」救護車有何分別？

- 救護車去年，總共處理了多少宗「召喚」及每日平均「出勤」數字？

救護車去年，總共處理了多少名「傷病者」及每日平均「處理傷病者」之數字？

- 香港總共有幾多間「救護站」？

你家中最近的「救護站」是哪一間？

- 救護員的起薪點是多少？

救護員的「輪班制度」是怎麼樣的？

救護員除學習救護知識和技巧外，還需要學習哪些事情？

一般救護員升職，需要多久的年資？

如果救護員工作了12年或者以上便可升職，你認為如何？

救護員日常的工作以及一般會遇到甚麼型式、種類的危險與困難？

- 你是否同意救護服務是一個服務性行業？

如果同意，你希望救護服務可以提供哪些優質的服務給予香港市民？

- 你認為你會在救護工作上遇到甚麼難題？你會怎樣克服？

  此外，由於在自我介紹時提到，我有學過急救，於是就問我有關於急救器材的問題？

- 你認為現時救護車被濫用的情況如何？

  第3代調派系統是怎樣調派救護車到達現場呢？
  除了消防處和聖約翰救傷隊外，還有甚麼機構會提供急救訓練？
  你覺得於「救護車三級制」還是「救護車服務收費」哪樣較好？
  如果有一個「消防員」進入火場救人，而有一個「救護員」用CPR救人，你會覺得哪個較為英勇？
  你對於消防處的救護工作有何建議？
  如果有人在某街道上身體不適，並且召喚救護車，在一般情況下，會由哪一間救護站出車，及後會送往哪間醫院急症室？

【醫療常識問題】：

甚麼是「中風」？
「中風」會有何種徵狀出現？
有人「中風」的時候，你應該怎樣處理？

甚麼是「中暑」？
「中暑」會有那些症狀？
「中暑」成因以及如何可以預防「中暑」？
有人「中暑」的時候，你應該怎樣處理？
體溫達到攝氏多少度(即華氏多少度)，就是屬於發燒？

何謂「休克」？
「休克」會出現那些症狀?
如果你發現有人「昏迷」的時候，你應該怎樣處理？

空氣中的氧氣百分比是多少？
經由人體呼吸，再呼出之空氣，當中的氧氣百分比是多少？
是否足夠進行人工呼吸？
為甚麼要聞「高濃度氧氣」，當中有甚麼作用？

正常成年人的心跳/ 呼吸/ 血壓應該是多少？
心臟病發作的時候，會出現那些症狀？
正常成年人，一分鐘呼吸次數是多少?
正常成年人的體內，會有多少公升的血？

甚麼是「維生指數」？
甚麼是「生命跡象」？
甚麼是「淋巴」？淋巴在人體的那個部位？
人體有那些「系統」，例如「呼吸系統」和「循環系統」？
試講出「糖尿病」分為多少類型？

如果你目睹有人「抽筋」的時候，應該如何處理？
如果你是市民，見到有人「發羊吊」，你會怎樣處理？
如果你發現有人「觸電」的時候，應該採取甚麼方法處理？

【情景問題】：

你覺得「救護員」在日常工作之中，可能會遇上甚麼突發事故又或者那些危險？
假如你在吃飯期間，響鐘要去車，你會點做？

假如上司提出「不合理的命令」，你會點做?
假如上司叫你做「唔合理的事情」，你聽唔聽?
假如有同事，在休班期間去做「兼職」，你有甚麼意見?

假如你的上司，叫你在休班期間，一齊去做「兼職」，你會點樣處理？
假如上司叫你幫佢「出去買飯」食，但是你正在當值，你會點樣處理？
假如你的主管，在當值期間，於「救護車」上 "吸煙"，你會點樣處理？
假如你已經係「救護員」，在日常工作之中，上司專登刁難你，你會點做？
假如有同袍在後日放大假，另一同袍突然間身體不適，需要請2日病假，你會怎樣與同事協調？
假如有一位「救護隊目」，因為金錢問題，經常沒有精神返工，佢現在問你"借錢"，你會不會借給他？
假如你的救護隊目，在駕駛「救護車」工作期間，把左邊車門弄花了，但是由於沒有人受傷，於是決定唔上報，你知道後，會點樣處理？
假如你的救護隊目，在駕駛「救護車」工作期間，把左邊車門弄花了，原來救護隊目下個月會升職，但如果你告發他，會令他無得升，期間上司堅持要去私人車房修理救護車，你會怎樣做？
假如你今天負責駕駛「救護車」，現在被召喚到自己居住的地區處理急症病人，當其時你想行「A路線」，因為會快啲，但是主管要求你行比較遠的「B路線」，你會點樣處理？
假如你的3粒花，在放假期間返局處理職務，你經過佢辦公室門口，但係竟然見到佢於辦公室內食煙，當時佢背住門口見唔到你，你會點樣處理？

假如你的主管叫你入火場幫手救人，但是入到去之後可能會有危險，你救唔救？
假如你的主管叫你入一間好危險嘅房救人，例如「危險品儲存倉」，你會點做？
假如有人跌咗落海，你是唯一到場的「救護員」，在沒有支援的情況下，你會點樣處理？
假如你係山邊，山下面有傷者，但係你無學過攀山技巧，隊目叫你落去救人，你救唔救？
假如你現在發現有一名傷者在懸崖，情況好危急、無任何支援、無任何裝備，你救唔救？

假如你需要到一間房救人，但係一入去，天花板就已經即刻跌咗落嚟，你是否會繼續救人?

假如你已經係「救護員」，去到一間屋發現有人暈倒，屋內有強烈的煤氣味，你會怎樣處理？

假如傷者係一間房內，而隊目叫你入去救這個傷者，然後佢就走咗，當時並沒有支援，你會點做？

假如你接報，老人院有伯伯倒臥在地上，不醒人事，無呼吸無脈搏，到達現場後，你會如何處理？

假如你現在需要前去處理一宗「跳樓」事件，到場後你會點做？如果「身首異處」，你又會點樣處理？

假如你現在需要前去處理一宗「吊頸」事件，到場後你會點做？如果「沒有生命跡象」，你又會點做？

假如你現在接報一名女士暈倒在地上，你會點做？佢有呼吸以及脈博，但頭部正在流血，你又會點做？

假如你現在接報，有人話某一個單位聞到一陣異味，只知道屋內住有一名獨居老人，到達後你會點做？

假如有傷者話，堅持一定要到某一間的指定醫院看病，你會點樣處理？

假如你是「救護員」，在救人期間，有旁人不停話你做得唔好，用錯方法救人，你會點做？

假如你是「救護員」，正在街上處理一名不醒人事的傷者，但是附近的途人不停地影相，你會點樣處理？

假如你是「救護員」，正在送一個「心臟停頓」的人去醫院搶救，但係在你前面的貨櫃車司機，係都唔比你越過，你會點樣處理？

假如有個後生仔，在家中鎅損手指，但依然叫救護車，你會點做？是否屬於「濫用救護服務」？

假如公公婆婆「有幾聲咳 或 傷風感冒」，要救護車送去急症室，你覺得是否「濫用救護服務」？

你覺得”蚊釘蟲咬”、”被白紙整損手指”、”老人家痰多咳嗽”、”老人家氣促”、”腳趾甲受傷「反甲」”、”小朋友將擦膠塞進鼻孔”、”流鼻血”、”肚痛”、等等的召喚，是不是「濫用救護服務」？

你曾經提及，有朋友都是隸屬消防處的「救護員」，那麼你朋友有沒有與你分享一些「濫用救護服務」的例子？

假如有一位同事，在日常工作之中經常犯錯，工作態度懶散以及”慢吞吞”，又與其他隊員「夾唔到」，你會點樣處理？

假如「救護車」上只有你和你的拍檔，現在你們被召喚到唐10樓處理急症病人，但當你們行到唐8樓的時候，你的拍檔「心臟病」發，你會點樣處理？

假如在農曆新年年初一的那天，你送了一位病人到急症室之後，由於是過年，佢派了一封利是給你，你會不會收？你又會點樣處理？

假如現在有位婆婆，需要乘坐「救護車」前往醫院，但是婆婆的「輪椅」太大部，未能放置在「救護車」上，你會點樣處理？

假如你被指派到一個單位，處理一位病人，但當到達單位外，準備入屋之時，屋主竟然要求你們除鞋，並且不可以踩污糟地氈，你聽到之後，會點樣處理？

假如現在是流感高峰期，你接報有個9歲小孩子在家中發高燒，到達現場的時候，發現體溫係攝氏40度，你會點樣處理？

假如現在是炎熱夏天的中午，天文台錄得最高氣溫31度，你接報有地盤工人在地盤工作期間，中暑暈 倒並且人事不省，到達現場後，你會如何處理？

假如你的「救護車」，在單程窄路遇到有汽車死火，因此導致單程路嚴重擠塞，期間有私家車經過，司機問是否需要替你把病人送去醫院，你會點樣處理？

你是否知道「救護車」每次最多可以讓多少人陪同往醫院？如果家屬堅持要兩個人一同跟車，你又會點樣處理？

假如有個亞伯受傷，需要乘坐「救護車」，但是「救護車」只可以容許一位屋企人跟車，但亞伯的仔仔女女都想跟車！你就當「亞SIR」我，係亞伯的屋企人，你會點樣同我講？

如果有個急症病人要求飼養的寵物陪同跟車，例如貓或狗跟車，你會點樣處理？又如果該急症病人的狗隻突然暈咗，你又會點樣處理？又再假設，病人原來在放狗期間出事暈低，不醒人事狗隻又可否跟車？

如果有一名6歲小朋友在公園跌倒受傷，你到場替其包紮後，情況已經穩定，只需將小朋友送院檢查，但小朋友的媽媽拖著狗仔，並且堅持要求與狗仔一同乘坐救護車，陪小朋友到醫院，你會怎樣處理？

假如你接報有人在單位受傷，到達時大門打開，發現有一位女子平躺在地上，心口位置插住把生果刀，流了好多血，旁邊有一名男子呆坐在椅子，你會點樣處理？

假如有人在街上與狗散步，但突然暈倒，未能聯絡到其家人，現在急需送往醫院急症室，你的「救護車」到達現場後，你會如何處理該狗隻?

你覺得「急症室」服務應否收費？

你覺得「救護車」服務應否收費？

【時事問題】：

「三司十三局」的名稱?

「三位司長的名」以及再講幾個局長的名?

「政務司司長」是誰人?

「財政司司長」是誰人?

「律政司司長」是誰人?

「保安局局長」是誰人?

「公務員事務局長」是誰人?

「運輸及房屋局長」是誰人?
「民政事務局局長」是誰人？
「食物及衞生局局長」是誰人？
「商務及經濟發展局局長」是誰人？
「創新及科技局」是於何時正式成立?
「勞工及福利局」是負責那些工作範疇?
「財經事務及庫務局」最近有那些新聞?

「行政會議」是甚麼?
「行政會議」有那些成員?
「行政會議主席」是誰人?
「行政會議召集人」是誰人?
「行政會議」有那些成員是”官守議員”，那些是”非官守議員”？

「立法會」的職能是甚麼？
「立法會」與行政會議的分別？
「立法會」主席是誰人？
「立法會」主席是如何選出來？
「立法會」議員是怎樣選出來？
「立法會」有多少個議席？
「立法會」有那些功能組別？
「立法會」有幾多少個議席是由民間直選產生？剩下的又稱為什麼議席？

全香港有幾多個「區議會」？
「區議員」是如何選出來？
你是住在那一個「區議會」管轄的範圍？

今年的《施政報告》有甚麼重點?
有那些內容是與「經濟」有關的？
有那些內容是與「房屋」有關的？
你對於今年的《財政預算案》有甚麼意見?

今年的《財政預算案》，有甚麼「派糖」的措施？
今年的《財政預算案》，披露「財政儲備」有多少億元?

甚麼是「關愛基金」?
由那一個政府部門負責?
現正推行那些項目?
甚麼是「扶貧委員會」?
誰是「扶貧委員會主席」?
甚麼是「貧窮線」? 如何界定?
由財政司司長領導的決策局名稱?

對於「標準工時」有甚麼意見?
對於「法定最低工資」有甚麼意見?
對於「物價通脹嚴重」有甚麼意見?
對於「增加綜援金額」有甚麼意見?
對於「香港人口老化的問題」有甚麼意見?

甚麼是「棕地」?
甚麼是「印花稅」?
甚麼是「電子道路收費」?
甚麼是「全民退休保障計劃」?
甚麼是「新界東北發展計劃」?

甚麼是「大灣區」？
「大灣區」包括那些城市？
你會唔會返「大灣區」旅遊或者公幹？
點解年青人會那麼抗拒「大灣區」？

你今天有沒有看報紙？
今天報紙的頭條新聞是甚麼？
今天報紙有甚麼特別的新聞？
最近有留意甚麼的新聞?
最近有甚麼新聞，與「消防處」有關?
最近有甚麼新聞，與「救護員」的工作有關?
可以在此分享一宗近期的「國際新聞」，畀大家聽嗎?
講一則最近期的新聞，而且亦都係你最留意的一宗新聞？

政府最近有甚麼最新的「土地政策」？
政府最近公布公佈了那些「房屋政策新措施」？
近期公屋富戶有甚麼最新的政策，問是否同意? 點解?

你認為香港交通擠塞嗎？點解會導致擠塞? 有甚麼解決的方案?
上星期有甚麼交通意外，需要「救護車」到場?
假設你第一個到達交通意外現場，你會點做?

現在大多數低收入基層人士，都要居住在「籠屋」、「劏房」又或者「板間房」，有甚麼解決的辦法?
現時「劏房」愈來愈多，對於「救護員」執行職務時，會有那些影響？

【其他問題】：

甚麼是「紀律」？
你覺得「紀律」重要嗎?
香港有那些「紀律部隊」？
你覺得「紀律部隊」應該擁有那些 “信念”？
你覺得「紀律部隊」應該擁有那些 “特質”？
你覺得「紀律部隊」應該擁有那些 “使命感”？
甚麼是「律己律人」？
點解「救生員」並不是「紀律部隊」呢？
你覺得「救生員」與「救護員」的分別是甚麼？
點解「醫生」與「護士」並不是「紀律部隊」呢?

甚麼是「團隊精神」？人生經驗之中，有那些需要「團隊精神」？
在毅進的「消防員/救護員實務課程」當中學到甚麼？

有多少間醫院，提供「急症室」的服務?
講出有「急症室」服務的醫院名稱?
甚麼是急症室「分流制度」？
急症室「分流制度」會根據甚麼原因，將病人分為多少類?
急症室分流制度的「目標」是甚麼?
醫院管理局訂立了那些「服務目標」？
急症室服務「收費」是多少?
那些是可以使用急症室服務的「符合資格人士」？

講出三個香港政黨的名稱?
那一個政府部門，是負責管理「郊野公園」的?
最近「死因裁判庭」，對於救護的工作，作出了那些建議?
甚麼是「坍塌搜救專隊」？現在擁有多少名人員? 當中包括多少「救護員」？

Chapter 03
面試技巧攻略

面試技巧及模擬問答

面試是招聘過程最重要的關卡，考生要在這一環節中，盡量表現出一些特有素質，去打動並説服面試官「我就是最適合擔任這職位的人之一」。因此，在面試各方面的要求，都應該認真做好準備，不可稍有鬆懈。

基本素養

- 守時：考生應在預約時間最少半小時前到達面試地點，這樣除了避免因突發事故可能造成誤點外，也讓自己在試場能有機會把自己情緒平伏下來，整合一下有關面試時如何回答問題的方法。
- 衣著：首重整潔，除非有特別指示，否則男士應穿著西服、結領帶；女士亦應穿著西褲，行政套裝會是適合的選擇。
- 儀容：保持整潔、刮鬍子；女士可略施脂粉、淡妝為宜。
- 禮貌：進面試室前先敲門，記得叫「早晨、午安，Sir/Madam」，這是最基本的禮貌，千萬不可忽略。
- 精神煥發、表現自信：面試前一晚要有充足睡眠，舉手投足堅定自然、充滿自信。

請緊記：你現正投考一份紀律部隊的工作，因此，表現出來的形象，例如腰板要直，動作沉穩堅定，有軍人的氣質，都會讓面試官留下深刻、良好的印象。

- 態度專注：從踏進面試間開始，要精神集中，全心專注聆聽考官的問題，並作出適時應對。

談吐基本功

- 聲量：音量要適中，但切記聲量不能太小，否則會給人缺乏自信的印象。
- 語調：要有自然、清晰、堅定、適當的抑揚頓挫。
- 語速：適中、徐疾有序，讓人聽得舒服。
- 視線接觸：請緊記：你是面對幾位考官説話，即使問題由其中一位考官提出，但視線觸及的對象，要分配得平均和合理。

- 身體語言：以自然為主，能配合講話的內容、適當的身體語言，有時可加強說話內容的說服力，但切勿過於太誇張，更要避免重複的小動作。

- 感情流露：當涉及感性的話題，例如消防員英勇殉職，或災難中有大量死傷者，應嚴肅、自然而然地表現出惋惜痛心的感情流露，讓人覺得你其實也是一個富有同情心的人。如果嘴角帶笑地回答以上問題，試問人家會接受嗎?

回應問題時，應表現出的態度，可歸納為以下要點：

- 了解問題，如實作答
- 用詞準確，簡潔有力
- 層次分明，邏輯有序
- 不卑不亢，大方自然
- 看待事物，積極正面
- 溫文有禮，態度誠懇
- 即使覺得面試表現不理想，仍保持微笑有禮，大方得體

面試期間回應問題時，切勿觸犯以下毛病：

- 問非所答，不懂裝懂
- 詞不達意，冗長繁瑣
- 層次紊亂，前後顛倒
- 自吹自擂，亢奮驕傲
- 看待事物，消極負面
- 輕佻浮躁，嘻笑怒罵
- 當感覺表現欠佳，變得沮喪失望，態度無禮

面試題目

一般而言，面試題目會涉及「自我介紹」、「個人取向問題」、「消防/救護工作的知識」、「處境題」和「意見問題」等。關於較為常見的知識問題，

讀者可參看本書較後部分有關消防處的一些重要資料，以下我們要討論一些消防/救護知識以外的常見問題，當讀者碰到類似問題，可參考這些回應方法的示範樣本靈活運用。

Q1：請用2分鐘作自我介紹，及闡述自己為甚麼會選擇消防/救護這項工作？

A1：三位阿Sir/Madam早安，我叫陳大文，今日我既開心又緊張，能夠有機會參與消防員/救護員的入職遴選面試。

我今年25歲，未婚，與父母同住。我現時的工作是營業代表，主要是推銷運動器材，在現時的公司服務已有半年。

在工餘的時間，我喜歡做運動，例如長跑、攀山、球類比賽。在求學時期，我是學校足球代表隊的成員，在體育運動或比賽中，不單讓我能保持良好體格，並且能磨練出堅強的意志及快速的應變能力，以及深切了解到團隊精神的重要性。

我明白到在知識型的現代社會，要不斷自我增值的重要性。現時我已獲取了基本急救、拯溺等相關證書。我亦曾參與醫療輔助隊的工作。上個月，我剛剛成功完成一個「領袖才能」的訓練課程。

各位長官，我明白到消防處的主要工作之一，是肩負起救災扶危、為民解困的使命，一直以來，贏得市民的讚賞及尊重，形象健康！我從電視看到消防處人員縱使面對危險，仍全力以赴，這份強烈的使命感，很早就在我的腦海中，留下深刻的印象！希望有朝一日，我也能夠成為消防處的一份子。

因為我在中學文憑試的成績不太理想，但為了能夠達至成為消防員/救護員的抱負及夢想，我報讀毅進文憑「消防及救護實務課程」，以便擴闊與及充實我在消防及救護這方面的知識和技能，為投考消防員/救護員做好充足的準備。同時，為了對消防工作能多點了解，我亦加入並成為消防安全大使。

各位長官，我知道消防處在公務員隊伍中享負盛名，除了多次獲得「優質顧客服務大獎」外，更多年以來得到市民認同，連續十數年獲得「最佳公眾形象獎」。因此，我有堅定的信念，能夠成為消防處的一份子，一展自己的抱負，為香港市民服務。

Q2：為甚麼消防處是屬於紀律部隊？

A2：據我所理解，整體而言，紀律部隊的特質包括對個人操守行為的標準相對要求較高；強調高度服從性，除非有良好理由，否則必須執行合法的指令，強調團隊精神，行動標準的一致性；對指示抱持合作態度，盡量配合；尊重組職內的階級制度。另外，受紀律條例約束，違紀者會被處罰。

消防工作的性質，尤其執行滅火救災扶危行動時面對高風險，工作環境惡劣、壓力大；一支訓練有素的紀律部隊，在執行緊急任務時，才可以發揮更高的效率，提升行動的一致性、準確性、合作性。並建立一個紀律嚴明，高行動效率的形象，有能力為市民提供優質的服務。

Q3：你認為自己有甚麼特質，適合擔任這份工作？

A3：我自小就希望能像消防員/救護員一樣，肩負起「救災扶危、為民解困」的抱負。因此，無論就學或就業期間，我一直有留意消防處的活動，深入了解消防處的工作，並培養高度紀律的概念，懂得自我約束，獨立思考，靈活應變，並且認識團隊精神的重要性，做好準備，隨時適應擔任消防員/救護員的紀律部隊工作。

Q4：消防人員滅火救人，經常要面對危險，你會用甚麼態度去面對這些潛伏的危險，難道你不懼怕因此失去性命嗎？

A4：幾位阿Sir/Madam，我理解到消防工作是一項高風險的職業，我認為身為消防人員，要抱持救災救人的強烈使命感。當我以專業知識及經驗評估現場情況後，認為有機會拯救死傷者，我便會置生死於度外。也就是説，我根本就不會考慮到個人生死的問題，我會全力以赴，盡力去完成任務。

Q5：如果你與上司在執行任務期間，上司要你做一些違法的事，同流合污，你會如何應對？

A5：我當然不會遵從。

Q6：你剛才不是說身為紀律部隊成員，要遵從上級的指令嗎？
A6：在一般的情況下，我理解到服從上司的指令的重要性；但我只會執行合法的指令，假如上司要我做違法的事，我會斷然拒絕，並且在適當的機會，會將情況向有關的上級反映。

Q7：根據我們的紀錄，其實你已收到通知，被委聘為救護員（或消防員），並在下月開始受訓，你為甚麼還投考消防員（或救護員），難道你不覺得這樣做，似乎在浪費消防處的資源嗎？
A7：幾位阿Sir/Madam，我完全理解到這樣做，從善用資源的意義來說，不可避免地浪費了招聘組一些處理文件及相關面試的時間，在這裡我先致歉。但是，請容許我向幾位長官表白我投考消防處職位的決心；能夠成為消防員，一直以來是我的追求及抱負，但理解到自己不一定會成功被錄用，如果不能被成功錄用，我更加不可能因此而無所事事，作無時限的等待下去。因此，我先報考了救護員，投入救災扶危的工作；無論是否已完成救護員訓練課程，我還是有決心重新投考消防員，我相信在救護員受訓期間所學到的一些知識及技能，可以應用在消防員的工作上。請各位阿Sir/Madam能體諒我決志想成為消防員的心願，多謝幾位阿Sir/Madam。

Q8：你知道去年消防處一共發出多少張「消除火警危險通知書」嗎？
（考生請留意：有時面試官會故意提問一些非常冷門、甚至不太合情理的問題，其實其目的，只是要測試考生的應對能力。）
A8：Sorry　Sir/Madam，雖然我用了差不多6個月時間準備這個面試；但在學習期間，很抱歉，我忽略了有關這方面數據，多謝阿Sir/Madam提醒，往後我會倍加留意。

處境問題

Q1：如果你奉召出動處理一宗電梯困人事件，但途中碰到嚴重交通意外，有人被困車內，並嚴重受傷，你當時身為該消防車主管，你會怎樣處理？
A1：我會馬上停下來，先行處理這宗交通事故，展開拯救被困人士。

很明顯，這宗交通事故的傷者有即時的生命危險，我們絕不能見死不救；反觀電梯困人事件，絕大部分情況下都不會牽涉到生命危險，權衡兩宗事故的風險，我認為先行處理交通意外會較為合理。當然我會通知調派及通訊中心我的決定，並提醒中心同事另派車輛處理該宗電梯困人事件！

Q2：在一宗火警中，你被一高級區長指派到八樓進行搜索，確定沒有人被困，當你到達五樓時，被一位消防隊長截住，要求你馬上協助拯救一個被困的居民，你會選擇繼續執行高級區長的任務，還是跟從隊長，馬上去處理被困市民的情況？

A2：我會馬上跟隨該消防隊長，展開拯救被困市民的工作；很明顯有市民被困五樓，這已是被確定的事實；但八樓有沒有受困人士，還是一個問號。按照常理並權衡利害，我應該先處理已被確定的危急事件。不過，我會馬上向高級區長匯報當時情況，相信高級區長會支持我的決定。

Chapter 04
投考消防處 Q & A

投考消防員（行動 / 海務）及救護員 Q & A

Q1：在投考程序中，消防員與救護員的「體能測驗」及「模擬實際工作測驗」有甚麼的分別？

A1：有關於「體能測驗」及「模擬實際工作測驗」的分別，可以參閱以下的對照表：

體能測驗

	消防員（行動/ 海務）		救護員	
	測試項目	**及格標準**	**測試項目**	**及格標準**
1.	耐力折返跑	第 7.1 級（相等於 50 次 20 米的跑程）	耐力折返跑	第 7.1 級（相等於 50 次 20 米的跑程）
2.	引體上升（60 秒）	3 次	引體上升（60 秒）	2 次
3.	原地跳高	45 厘米	原地跳高	43 厘米
4.	雙槓雙臂屈伸（60 秒）	9 次	雙槓雙臂屈伸（60 秒）	7 次
5.	屈膝仰臥起坐（60 秒）	35 次	屈膝仰臥起坐（60 秒）	31 次
6.	掌上壓（60 秒）	32 次	掌上壓（60 秒）	30 次
7.	坐位體前屈	23 厘米	坐位體前屈	21 厘米
8.	俯後撐（60 秒）	25 次	俯後撐（60 秒）	23 次

模擬實際工作測驗

	消防員（行動/ 海務）		救護員	
	測試項目	**及格標準**	**測試項目**	**及格標準**
1.	跑樓梯	34 秒內	尋找器材	19 秒內
2.	爬梯	50 秒內	釘板	24.5 秒內
3.	穿越隧道	19.5 秒內	障礙賽	5 秒內
4.	障礙賽	11 秒內	跑樓梯	22 秒內

Q2：在前往參與「體能測驗」和「模擬實際工作測驗」時，考生應該穿著甚麼衣服？

A2：考生只需要穿著運動衫、褲前往參與「體能測驗」和「模擬實際工作測驗」測驗就可以。

Q3：在參與「體能測驗」和「模擬實際工作測驗」時，消防處會提供運動衣物給予考生嗎？

A3：消防處是不會提供衣物（運動衫、褲），考生需要自備衣物參與「體能測驗」和「模擬實際工作測驗」。

Q4：如果我對上一次參與「體能測驗」時不合格，現時再有招聘，我可否再次投考以及對今次投考會否有任何負面之影響？

A4：考生以往「體能測驗」的不合格成績，並不會影響今次之投考，所以可以放心申請。

Q5：在參與「體能測驗」和「模擬實際工作測驗」之時，男、女考生的「合格標準」是否相同呢？

A5：男、女考生在參與「體能測驗」和「模擬實際工作測驗」的「合格標準」是絕對相同。

Q6：投考「消防員（行動/海務）」有否身高的限制？

A6：投考「消防員（行動/海務）」並沒有任何身高限制，考生在測驗之時，只需要取得「儲物架」內之「斧頭」就可以。（註：使用的「儲物架」是按照消防車上儲物櫃的位置仿製）

Q7：如果我有近視，可否投考「消防員」？

A7：「消防員」是不能有近視，原因是須要進入濃煙密佈的火場工作時，需要佩戴「呼吸輔助器」，佩戴眼鏡會阻礙及破壞面罩的密封能力。就算配戴隱形眼鏡亦不可行，因為當一進入火場之後，假如隱形眼鏡走位，消防員是不可能除下面罩弄隱形眼鏡，而且火場的濃煙會讓消防員容易流眼水，影響隱形眼鏡出現走位情況，因此消防員是絕對不能有近視。

Q8：接上題，如果進行「激光矯視」後，是否可以再次投考「消防員」？
A8：是可以投考「消防員」，而且亦是唯一之方法。

Q9：消防處通常會錄取哪些年紀的投考者成為「消防員」或「救護員」？
A9：消防處在招聘過程中，會促進平等就業機會，及消除年齡歧視並且確保平等的就業機會。而且亦能產生積極的作用，因為可以吸引更多人才，從中挑選最合適的投考人仕，以應付消防處的人力需求。因此消防處在招聘程序中，會設立劃一的甄選準則和中立的制度，從而評估投考人士的能力，以及才能確保在招聘中選拔出最合適的投考人士成為「消防員」或「救護員」。

Q10：消防員日常當值的24小時裡，在「局內」同「局外」會做甚麼？
A10：消防局/滅火輪消防局例行工作詳情如下：

0900　測試警鐘；接班人員和下班人員列隊接受檢閱；接班人員聽取工作指示；下班人員散隊
0905　閱讀訓令、信息等；司機檢查車輛；檢查裝備；填妥記錄簿
0930　按需要進行訓練/視察/防火檢查/執行局內職務
1100　小休
1130　按需要進行訓練/視察/防火檢查/執行局內職務
1245　用膳時間
1355　點名
1400　按需要進行講習/視察/防火檢查/執行局內職務
1515　小休
1530　按需要進行講習/視察/防火檢查/執行局內職務
1730　體能訓練
1815　用膳時間
1925　點名

1930　防火檢查/探訪社區宣傳防火知識/研習及講座/保養個人裝備

2130　小休

2145　防火檢查/探訪社區宣傳防火知識/研習及講座/保養個人裝備

2245　候命

0655　列隊

0700　由消防通訊中心測試遙控召喚出動系統。執行局內職務/保養車輛及裝備

0730　體能訓練

0800　小休

0815　保養個人裝備

0855　準備換班

Q11：消防處是怎樣調派「消防車」和「救護車」到達現場呢？

A11：消防通訊中心設有一套電腦調派系統，可迅速和有效調配滅火和救護服務的資源，以應付火警和緊急事故。

消防通訊中心的通訊系統連接所有消防局、救護站和滅火輪消防局，方便調配資源。

消防通訊中心配備的「第3代調派系統」，結合先進電訊及電腦技術，在識別、定位和資源調派等功能均有所提升，滅火和拯救行動因而得到改善。

消防處的數碼集群無線電系統能確保事故現場的無線電通訊快捷有效。

消防通訊中心全日24小時運作，除調配資源外，並負責處理有關火警危險及危險品的投訴和查詢。

遇有重大事故時，通訊中心亦為政府部門和公用事業機構提供緊急協調服務。

目前消防處共有5輛流動指揮車，作為大型事故的現場指揮和控制中心。

Q12：何謂「四管齊下」？

A12：消防處不斷提升服務質素，並致力減少社區火災發生次數，採用「四管齊下」的嶄新方式積極地全面處理舊樓的火警隱患，即：

1. 宣傳防火　　2. 加強執法
3. 定期巡查　　4. 加強社區參與

1.「宣傳防火」：邀請各區「防火委員會」、「消防安全大使」及「消防安全大使名譽會長會」向舊式樓宇宣傳防火。

2.「加強執法」：透過內部抽調人手，成立「特遣執法隊」加強巡視舊式樓宇，「特遣執法隊」會逐座樓宇全面採取執法行動，以徹底清除火警隱患。

3.「定期巡查」：當一座樓宇的火警隱患得以徹底清除後，就交給該區消防局人員進行定期巡查。

4.「加強社區參與」：就是由該大廈的「樓宇消防安全特使」不時作出巡查，以確保違規事項不再出現。

消防處並成立「特遣執法隊」專責消除舊樓的火警危險。
消防處「特遣執法隊」人員就目標樓宇的火警危險採取全面執法行動前，會先聯同該區「消防局人員」、「消防安全大使及名譽會長」和「地區防火委員會成員」，在樓宇內進行消防安全宣傳。
當樓宇的火警危險徹底清除後，該區消防局會定期巡查有關樓宇。
為使樓宇繼續符合消防安全標準，消防處會邀請「樓宇業主」、「佔用人」或「管理人員」擔任樓宇「消防安全特使」，負責監察樓宇的消防安全。

Q13：如果市民想投訴有關「火警危險」，可以有那些方法？

A13：一般查詢/投訴

電郵：hkfsdenq@hkfsd.gov.hk

熱線：2723 8787

傳真：2311 0066

親身：前往就近的消防局

投訴事項可包括：

1. 阻塞走火通道或被更改
2. 防煙門被楔開或被改動及損壞
3. 天台或地下之出口門被上鎖
4. 消防設備損壞或欠缺保養或受阻礙
5. 儲存過量危險品或其他事項

Q14：一般街道消防栓的規定是怎樣的 ？

A14：

(1) 安裝在私人發展區內的街道消防栓一律視為香港法例第123 章建築物條例第16(1)(b)條規定安裝的消防裝置，並且必須依照香港法例第95B章消防（裝置及設備）規例的規定進行安裝、保養、維修及檢查。

(2) 如情況許可，街道消防栓必須交錯地安裝於街道兩旁，消防栓之間的距離不得超過100 米。

(3) 街道消防栓的標準式樣必須符合一定的規格，根據英國標準第1042 條的規定測試，以一個65毫米出水口運作，測試時每分鐘出水量不得少於2,000公升（每秒33.3公升），而在出水口的最低壓力應為170 千帕斯卡。

(4) 第 3 段所述的最低出水量及出水壓力應以兩個65 毫米的消防栓出水口同時出水作為標準，即每分鐘總出水量應不少於4,000 公升（每秒66.7 公升）。

(5) 如不能達到以上最低標準，可用其他方法增大水源，例如使用集水缸及水泵。但增大水源的程度必須視乎受保護建築物的大小、性質及總來水量而定。

(6) 所有街道消防栓必須依照水務署的水管鋪設標準守則而裝置。

(7) 在可能的情況下，有關樓宇的範圍內必須安裝最少兩個街道消防栓，並且應安裝在距離受保護樓宇6 米以外的位置。

(8) 必須採取下列程序，以辨別新裝置而仍未使用的街道消防栓及失效的現有消防栓：

a. 在消防栓身上根據水源（即食水或海水）分別漆上紅色或黃色漆油；

b. 在柱形消防栓的100 毫米出水口上，套上藍色管口蓋；或

c. 在鵝頸消防栓的70 毫米出水口上，套上藍色管口蓋。

Q15：「避火層」是甚麼？

A15：「避火層」是在發生火警時作為臨時庇護處，供建築物內的佔用人暫時聚集及歇息。

一般來說，所有高度超逾最低地面樓層以上25層的建築物均應設有避火層（樓高不超逾40層的住用建築物或綜合用途建築物除外），避火層位置應在與任何其他避火層又或與街道或露天地方距離最多20層（如是工業建築物）或25層（如是非工業建築物）的樓層內。

住用建築物或綜合用途建築物高度在最低地面樓層以上逾25層，但又不多於40層，則有關建築物的天台可視作避火層。所有避火層應符合由屋宇署所刊印的「1996年提供火警逃生途徑守則」的有關規定。

Q16：「避火層」的一般規定是怎樣的？

A16：每一層「避火層」應符合以下的規定：

(a) 在與避火層同一水平之處，並無已被佔用的使用區域或可以進入的機械裝置房，但消防水箱及有關的消防裝置機房除外；

(b) 避火處的淨面積應不少於避火層樓面總面積的50%，另避火層的淨高須不少於2,300毫米；

(c) 避火處的尺寸最少應較穿越該避火層的最闊樓梯的闊度大50%；

(d) 避火處應按照屋宇署所刊印的《耐火結構守則》的規定與建築物的其餘部分分開；

(e) 在避火處應最少有相對兩邊在安全低牆高度以上是敞開的，以產生足夠的空氣對流；開敞邊應合乎《耐火結構守則》的規定；

(f) 任何穿越一層避火層的樓梯應至這層不再延伸，使出口路線須改道越過避火處部分地方，才繼續向下通出；

(g) 避火處的每個部分均應設有人工照明，以便在樓面水平提供不少於30勒克斯的水平照明，並設有後備緊急照明系統，可在樓面水平提供不少於2勒克斯的水平照明。緊急照明系統的設計應合乎《最低限度之消防裝置及設備守則》的規定；

(h) 應按照消防處處長所作的要求，在避火層裝設有關的消防裝置及設備；

(i) 避火層(天台除外)應設有消防員升降機。有關的升降機門在正常操作時不應在避火層開啟，並應時刻鎖上，直至在消防掣啟動下自動開鎖為止；及

(j) 在每一層避火層應提供以下的指示及方向指示牌：

***指示**

REFUGE FLOOR 避火層

For Temporary Rest During Emergency Escape

緊急逃生時供暫時歇腳用

EXITS TO STREET LEVEL

<-------- 往街道出口 ------->

staircase (no.) ( )號樓梯　　staircase (no.) ( )號樓梯

***方向指示牌**

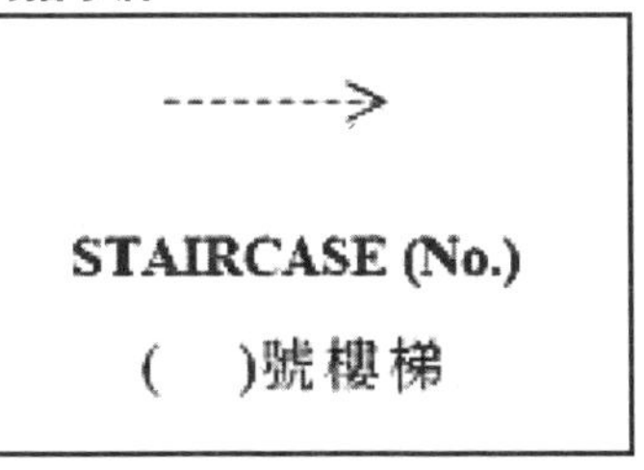

Q17：洩漏氣體時如何應變？

A17：

(1)當察覺有氣體洩漏時，在場人士嚴禁使用引發明火或產生火花的電器，因產生的火花可能燃點洩漏的氣體。

(2)例如不可開關任何電燈或電器、不可使用電話包括手提電話，及不可使用因摩擦而產生火花的工具。

(3)在安全情況下，關閉洩漏氣體的總開關及打開事故單位的窗戶，通知附近單位的人士盡速離開，但緊記要拍門而不要按門鈴。

(4)到達安全的地方後致電消防處救助，等待有關人員到達現場，並告知他們有關的情況。

Q18：「火災危險警告」是甚麼？

A18：

「火災危險警告」旨在警惕市民，火災危險性甚高。而且一旦發生火警，更會迅速蔓延。

「火災危險警告」生效期間火警的機會比平時上升。

「火災危險警告」分為黃色及紅色兩種。

「黃色火災危險警告」表示火災危險性頗高；

「紅色火災危險警告」則表示火災危險性極高。

Q19：天文台在決定是否發出「火災危險警告」時會根據哪些準則？

A19：

(1)有利於火警發生及擴散的天氣因素，如低濕度及高風速；

(2)由漁農自然護理署提供有關草木乾燥情況的資料。

每當發出「火災危險警告」，天文台便會透過電視台、電台及互聯網向市民發佈警告信息，以提醒市民注意及採取防火措施。電視螢光幕會顯示天文台設計的火災危險警告標誌。

此外，漁農自然護理署會在郊野公園山火季節期間派員到其轄下的郊野公園把「火災危險警告」顯示在其入口處。

消防處亦會把「火災危險警告」顯示在各消防局的警告板上，提醒市民應特別提高防火的意識。

資料來源及詳情，可參閱香港天文台網頁之「火災危險警告」

http://www.hko.gov.hk/publica/gen_pub/fdw_c.htm

Q20：甚麼是「黃金戰衣」呢？

A20：消防處一向十分注重消防員的個人保護裝備，並且不斷尋求最先進、最適合的保護性衣物供前線消防員使用，從而確保消防員在執行滅火及救援等任務時候的效率同安全。

消防處為了更換具更高抗火性能的構築物滅火防護服，於2011年以每件港幣6,200元的價錢，從歐洲引入了1.3萬件可抵禦1,093℃高溫俗稱為「黃金戰衣」的新抗火衣，供6000名消防員使用，每名消防員均會獲得分派2套。

這批合共價值港幣8,081萬的「黃金戰衣」於2011年4月1日全面發放給前線消防員使用，取代原有的深藍色防火衣。

「黃金戰衣」的名稱由來是物料本身顏色而已。

「黃金戰衣」除可抵擋火場高溫之餘，同時亦可以阻止水及化學液體滲入衣服內，加強保護消防員。

「黃金戰衣」共分為3層構造，由隔熱防水物料製成，在火燄測試中可以抵禦1,093℃高溫。

再者加上「黃金戰衣」在袖口、肩膊、手踭、膝蓋以及胸口等位置均加上發泡硅酮襯墊，可以隔絕熱空氣，有防熱保護之作用。

Q25：救護員的「輪班制度」是怎麼樣的？

A25：市區救護員一般更分以5日為一個　環：

即是「兩天日更、一天夜更，然後放兩天假」為一個循環。

簡單而言「返三日、放兩日 (日、日、夜、休假、休假) 」每更12小時。

日更就是8時30分至晚上8時30分；夜更是晚上8時30分至翌日早上8時30分。

至於有些一局，會以 「早更、中更、夜更、休假、休假」為一個循環。

同樣每一更是12小時

早更是 0830時 - 2030時

中更是 1100時- 2300時

夜更是 2030時-0830時

而離島例如梅窩的救護員，則是每一更返24小時，然後放假48小時。

此外，救護電單車的更分則是「日、日、休假、休假」，原因夜晚比較少涉及交通的問題，所以救護電單車並不需要返夜更。

Q26：甚麼是救護車「短日更」？

A26：由2016年5月2日起，救護車「短日更」在九龍東區的「黃大仙救護站」和「藍田救護站」試行，為期約半年。

而「短日更」是部門新引入的當值模式，屬員當值時間為星期一至五上午9時30分至下午7時06分（公眾假期除外）。

各人參與救護車「短日更」試行計劃之後，均表示十分歡迎這項新安排。

屬員認為「短日更」能夠使救護車調派較以往更暢順，在提升行動效率方面亦已初見成效。此外，由於在繁忙時間救護車的數目較以往多，既可滿足市民對緊急救護服務的需求，也可以讓同事有充足的時間用膳。

新嘗試的「短日更」讓前線同事在當值安排上更靈活，也能切合現今社會的需求，與時並進，為市民提供更優質的救護服務。

Q27：平均每天需要處理多少宗「救護召喚」？

A27：救護服務方面，2019年召喚數字雖然持續增加，但整體服務水平仍令人滿意。2019年救護召喚總數達到822,150宗，與2018年相比升幅為2.2%，其中緊急救護召喚佔766 679宗，較2018年上升2.4%，當中93.4%能夠在12分鐘的目標召達時間內到達事故現場，較服務承諾的92.5%高出0.9個百分點。

Q28：「救護車調派分級制」是甚麼？

A28：消防處一直致力為有需要人士，提供迅速而有效的緊急救護服務，把傷病者盡快送到醫院。

為了加強香港的緊急救護服務，並且為最有需要的傷病者提供更快捷的服務，使香港的救護服務，能夠與外國先進救護服務的優良做法看齊。

消防處於2009年7月3日，建議在香港推行「救護車調派分級制」，並展開為期4個月的公眾諮詢，當中會根據傷病的緊急程度，把緊急救護服務的召喚分級和訂定調派救護車的優先次序。（目前尚在研究階段，仍未正式推行。）

而建議的「召喚分類」以及「目標召達時間」列於下表：

召達級別	緊急程度	目標召達時間
級別一	情況危急或有生命危險	9 分鐘
級別二	情況嚴重但無生命危險	12分鐘
級別三	非危急	20分鐘

Q29：救護員除學習救護知識和技巧外，還會學習些甚麼？

A29：除了救護知識和技巧外，救護員需學攀山拯救、駕駛救護車、情緒智商課程等，部份救護員更會學習特殊技能如：特別救援隊訓練、爆破訓練等。

Q30：中暑成因以及預防中暑方法？

A30：當我們暴露於酷熱的環境下，體內的溫度調節系統會自動增加排汗及呼吸頻率令體溫下降。惟在排汗時，體內賴以維持正常機能運作的水份及鹽份亦會同時流失。

Q31：一架救護車有多少人?

A31：一架救護車有三個人，包括：一名主管，一名司機以及一名隨員。

主管必須為「救護隊目」（俗稱「兩柴」）或「救護總隊目」（俗稱「三柴」），主管需要負責管理救護車，確保車上的裝置、儀器正常運作，車內的備用藥物、急救用品數目足夠，並且會為每日的工作作決定。

救護車主管會負責診斷傷病者需要什麼的治療，而司機和隨員會作出相應的配合。至於救護車司機則負責駕駛救護車，以及看管車輛。

Q32：救護員入職，可晉升至哪個階級?

A32：救護員可以晉升救護隊目、總隊目、救護主任、高級救護主任等。

Q33：如何決定調派「救護電單車」還是「消防先遣急救員」呢？

A33：基本上每轉 call 都會同時調派「救護車」和「救護電單車」到場。至於派「先遣急救員」就應該係當區暫時都無「救護車」可供調派或者預計短時間內「救護車」都未必能夠到達現場。

而「先遣急救員」就只可以處理某幾類傷病者的情況，例如心臟病。

受熱衰竭

故此，長時間在酷熱的戶外環境下進行體力勞動的人士會因水份流失、電解質不平衡及缺乏足夠的養份給予身體器官，而較易出現受熱衰竭的現象。當此現象出現時，患者會感到：

- 頭暈
- 疲倦
- 作悶
- 嘔吐
- 心跳加速
- 流汗加劇
- 口渴
- 肌肉抽搐

中暑

如患者已出現受熱衰竭徵象而仍然暴露於酷熱的環境下，便會出現更加危險的情況 — 中暑 。此時，身體的溫度調節系統便會完全失效，而體溫更會上升至致命的水平。中暑的徵狀包括：

- 皮膚發熱及潮紅
- 體溫可能超過攝氏40.6° (約華氏105°)
- 清醒程度下降

懷疑有人中暑時

應該：

- 將患者移至陰涼的地方
- 如患者的清醒程度下降時，將他側臥以保持氣道暢通
- 撥電999召喚救護車

盡快用以下方法替患者降溫：

－以冷水為患者抹身

－為患者搧風以保持清涼

－放冰塊於患者頸側、腋下及腹股溝令身體降溫

（如患者出現發冷跡象，應停止為他降溫）

注意：

- 不要使用酒精為患者抹身降溫。
- 在未回復完全清醒時，切勿讓患者飲食。

預防中暑方法

1. 應盡可能避免在酷熱及潮濕的天氣下長時間進行劇烈運動。
2. 如果必需在酷熱的環境下進行體力勞動工作，應注意以下幾點：

   －穿著輕巧及鬆身的衣服

   －間中到陰涼的地方竭息

－適量飲用含電解質飲料或果汁來補充身體水份

－不應飲用含有酒精的飲料

Q31：**抽筋成因、處理有人抽筋以及如何預防抽筋？**

A31：抽筋是泛指全身或局部肌肉不受控制地抽搐。

病人抽筋時，最容易失去平衡而造成頭部受傷，及可能無法保持氣道暢通而引致窒息。如你對抽筋病人的情況有所認識，便可以妥善地照顧他們。

抽筋的成因

出現抽筋的原因有很多，包括：

- 羊癇症
- 發燒
- 中暑
- 中毒
- 酒精中毒
- 血糖過低
- 頭部受傷
- 癌症
- 中風
- 妊娠期併發症
- 其他不明成因

抽筋期間，病人可能會：

- 呈現半昏迷或完全不省人事
- 咬著自己的舌頭
- 撞及週圍的物件
- 大小便失禁
- 停止呼吸
- 因分泌物、受損舌頭流出的血液或上呼吸道痙攣，而引致氣道阻塞。

當你目睹有人抽筋時

應該：

－保持冷靜，並緊記抽筋一旦發生，便無法可以阻止。

－協助病人躺下，以防止他/她跌倒。

－將病人放於側臥位置，使其唾液或血液能從口中流出。

－將現場附近的硬物、尖鋭或燙熱的物件移走，以免傷及病人。
－鬆開病人頸上之衣飾

注意：

- 切勿強制病人的活動而引致其受傷
- 切勿將任何物件放入病人口內，否則會引致其牙齒損傷、哽塞或令自己的手指被病人咬傷。

抽筋停止後，病人可能會：

- 感到疲倦
- 昏昏欲睡、混亂、情緒低落、脾氣暴燥、迷惘
- 在一段時間後神智回復清醒
- 再次出現抽筋

你應：

－讓仍未清醒的病人維持在側臥位置，保持氣道暢通
－安慰患者

注意：

切勿讓他/她在未完全清醒情況下進食或飲水。

如發覺病人有以下情況，應撥電「999」召喚救護車：

- 抽筋持續多於5分鐘或重覆發作
- 呼吸困難
- 在抽筋停止後，康復緩慢、沒有反應或神智混亂持續多於5分鐘
- 病人受了傷

請搜集病人以下的資料，以便通知到場的救護人員：

- 發病時間
- 病歷（例如：心臟病、糖尿病、羊癇症）
- 病人所服食的藥物
- 年齡
- 抽筋持續時間
- 任何明顯傷勢

預防指引

羊癇症病人容易發生抽筋，如你有此病時，應緊記：

- 遵從醫生指示，服食抗抽筋藥物。
- 知會家人、同學、老師或同事有關你的病情，並告知他們當你發生抽筋時，怎樣用適當措施去幫助你。
- 將你的抽筋病歷及所服藥物名稱寫在一張卡紙上，並存放在銀包內。

Q32：人事不省以及處理有人昏迷？

A32：人的清醒程度會受不同的成因影響而改變，其中包括創傷和疾病（例如：糖尿病或中風）。

當病人昏迷時最危險的是他們無法保護自己的氣道，舌頭有可能因向後墜而阻塞氣道，引致窒息。因此，立即採取適當步驟去保持昏迷病人的氣道暢通，這是十分重要的。

當你發現有人昏迷時

應該：

－保持冷靜，立即撥電「999」召喚救護車

－將病人側臥，讓其唾液、嘔吐物能從口腔中流出

－鬆開緊箍著病人頸部、胸部及腰部的衣飾

－用毛毯或衣服蓋於病人的身上以保持體溫

－陪伴病人直至救護員到達

注意：

- 切勿用枕頭或其他物件墊起病人的頭部
- 切勿讓病人坐起
- 切勿讓病人進食或飲水

Q33：**中風、預防中風以及處理懷疑有人中風？**

A33：中風是由於腦血管閉塞或爆裂，導致腦部神經細胞因缺氧而壞死，影響身體機能。

在香港，每年平均約有3,000多人死於中風，數字是僅次於癌症及心血管病的「第3號殺手」。

而中風後對病人及其家人的日常生活，所帶來的影響更是嚴重。

患者年齡通常在50歲以上。不過，近年數字顯示患中風人士的發病年齡有下降趨勢。

引發中風的危險因素包括：

- 年齡（年紀越大，中風的機會越大）
- 糖尿病
- 心臟及血管疾病
- 血內膽固醇過高
- 酗酒
- 缺少運動
- 高血壓
- 吸煙
- 心房纖維性顫動
- 腦血管腫瘤或腦血管壁過薄
- 肥胖

預防中風包括：

1. 控制危險因素：高血壓、高血脂、糖尿病及心臟病患者應定期檢查，按時服藥，控制病情。
2. 調節生活習慣：戒煙、節制飲酒、注重均衡飲食、做適量運動。
3. 辨認中風的警告訊號。

當有人不幸患上中風急症，如旁人能辨認這些突如其來的「中風警告訊號」及儘速送院治療，病人的復原機會相信可得以提高。

常見「中風警告訊號」：

- 半身麻痺/無力
- 面部肌肉麻痺
- 暈眩
- 失禁
- 説話不清/失語
- 視覺模糊/重影（複視）
- 嚴重頭痛及嘔吐
- 嚴重可能昏迷，甚至瞳孔大小不一

部分病人可能有暫時性腦缺血徵狀（如上述），但只維持數分鐘至數十分鐘。據統計，此類病人很有可能在未來一年患上嚴重中風或心血管病。故此，即使這些徵狀消退，病人仍需送院檢查。

當懷疑有人中風時

- 保持冷靜，立即撥電「999」召喚救護車。
- 如病者清醒，把他平躺並略為墊高頭部及雙肩30度。
- 如病者昏迷，將他側臥，使其唾液、嘔吐物能從口腔中流出，切忌用枕頭或其他物件墊高頭部。
- 解除緊身衣物
- 安慰病者，陪伴他至救護人員到場。
- 切勿給予飲食
- 記錄發現中風徵狀的時間，並告知救護人員。

Q34：甚麼是「EMA救護車」？「EMA救護車」會提供怎樣的救護服務？

A34：「EMA」即「Emergency Medical Assistant，急救醫療助理」；「EMA救護車」所提供的服務水平等同加拿大卑斯省的救護車。

此類救護車能提供心絞痛藥、哮喘藥、生理鹽水及葡萄糖水靜脈滴注、解毒劑；部份更配備小兒癲癇及過敏反應的藥物，和更先進的氣喉，以救治呼吸停頓病人。

Q35：甚麼是「EMAI」及「EMAII」？

A35：一個剛完成26個星期訓練的救護員，畢業後他們的身份便是EMAI資格（EMA是Emergency Medical Assiastant，急救醫療助理），而他們因為還沒有接受駕駛救護車的訓練，所以他們會被安排擔任救護車隨員，所以每次出動去處理救護服務時，都會有一位救護車主管（EMAII資格）和救護車司機一起。處理傷者或病人時救護車主管都會運用（EMAII資格）的知識，救護車隨員和救護車司機都是運用（EMAI）的知識去配合。當然主管在認為一些工作可以交給隨員去處理時，會從旁指導。

每位救護員在救護學的運用或部門的認可下，都可以獨立處理傷者或病人。每當處理一些有大量傷者或病人的情況時，救護車上的所有救護員都要各自獨立處理。如果一輛運載病人送院途中的救護車，發現街上有人受傷或需要救護服務時，救護車都要停下，然後立即安排救護員下車去觀察傷者。如果傷者同時需要送院，而原本在車上的傷者情況亦屬危急，主管便會安排救護車隨員留下現場，繼續為傷者治療，直至下一輛救護車到場，在這情況下，救護員便需獨立處理病人。

Q36：甚麼是「GROUP I」及「GROUP II」救護車輛類別的訓練？

A36：每當一位救護員順利完成26個星期訓練之後，就會被調派到任何一間救護站駐守。

救護員在頭3年的試用期內，都要接受「GROUP I」救護車的駕駛訓練，而在成功考獲救護車駕駛資格後，才可成為長期聘用制的救護人員。

如果在有需要時，上司會推薦個別救護員參加其餘類別的駕駛訓練，包括「GROUP I」及「GROUP II」救護車輛類別的訓練。

因為救護員的職責主要是負責提供緊急救護服務、送院前護理服務、執行與救護相關的職務，以及「駕駛救護車、汽車及客貨車」。

「GROUP I」救護車輛類別包括：

- 救護車
- 鄉村救護車
- 輕型救護車
- 急救醫療電單車
- 救護吉普車
- 快速應變急救車

「GROUP II」救護車輛類別包括：

流動傷者治療車

Q37：甚麼是AED？

A37：AED（Automated External Defibrillator，自動體外心臟去顫器）是一種可攜帶式的醫療設備。能夠釋放適當電量，使患病者恢復正常心跳的醫療儀器。它是一部非常容易使用的器材，可以診斷及分析傷病者的心律不正。若傷病者出現「心室纖維性顫動」或「沒有脈搏的心室心動過速」，去顫器會定為「建議電擊」，並發放適當電量以終止心臟所有不規則，不協調的活動，讓傷病者之心臟電流正常化。而這種電殛稱為「去顫電殛」，專門為非專業醫療的人士用來急救瀕臨猝死病患的儀器，現時一些急救課程中，亦可以學習如何使用「心臟去顫器」。

AED主要是針對以下兩種病患而設計：

- 心室纖維性顫動
- 沒有脈搏的心室心動過速

這兩種病患和無心律一樣不會有脈搏，在這兩種心律不整時，心臟雖有搏動卻無法有效將血液送至全身，因此須緊急以電殛矯正。

在心室顫動時，心臟的電波活動處於混亂狀態，心室無法有效輸出血液。在心室頻脈時，心臟則是因為跳得太快而無法有效輸出充足的血液，通常心室頻脈最終會變成心室顫動。若不矯正，這兩種心律不整會迅速導致腦部損傷和死亡。

電擊去顫術是唯一治療心室顫動的有效方法，只有成功的電擊去顫才能有效增加生存之機會。

心臟驟停6分鐘內，傷者依然有50%存活率，但每延遲1分鐘使用，存活率即減少10%。假如10分鐘後才使用儀器，傷者的存活率已不能改善，儘早做電擊去顫術為關鍵點。

AED有別於一般專為醫療人員設計的「專業心臟電殛器」，除了以上所提的兩種情形外，AED無法診斷其他各式各樣的心律不整且無法提供治療，而且它無法對心搏過慢提供體外心律調節的功能。

AED通常會配置於有大量人群集結的地方，如商場、購物中心、機場、車站、體育館、學校等。

如前所述，消防處自2007 年開始推行的「救心先鋒」計劃，就是向不同的機構及界別的職員，提供了簡易的AED使用課程，而當中包括有：物業管理公司、酒店、老人院、政府樓宇、香港國際機場、香港鐵路有限公司等。

備註：有關AED的規格：

每具AED（主機含電池）重量4公斤以下，附屬配備包括：

1. 電池
2. 電殛貼片（附絕源導線及連接器）

3. 救援資料儲存卡一片，可現場同步錄音，資料卡可以抽換及共用。
4. 攜帶式背包

功能：

- 至少應具有「自動判斷心律是否需要電擊」及「自動進行充電」之功能
- 「單向」或「雙向」波機型，電擊能量最高不得超過360焦耳
- 電擊後之充電時間低於25秒
- 語音提示：急救過程中有完整中文語音指示使用者
- 抗水、防震、防撞擊及防輻射
- 具現場錄音與記錄功能

使用者資格限制：具備使用AED施行緊急救護之人仕

何時使用：遇上無生命徵象患者即可使用

注意事項：

- AED應盡量遠離人工心臟節律器（Pacemaker），最少距離2.5cm
- 使用AED時，必須確保病人的胸部清潔及乾爽
- 電極貼片不可重複使用
- 搬運病患者時或行駛中，應關掉AED電源以免誤判
- 如在運送途中，需為病患作分析時，應將車輛停下
- 每天均需檢查電池容量

Q38：**人體有甚麼「系統」？**

A38：

循環系統：分為心臟和血管兩大部分，叫做心血管系統。循環系統是人體內的運輸系統。

呼吸系統：是由呼吸道、肺血管、肺和呼吸肌組成。通常稱鼻、咽、喉為上呼吸道。器官和各級支氣管為下呼吸道。

骨骼系統：是由206塊骨頭組成。其功用包括：強化及支撐身體、保護體內重要器官、運動中為肌肉提供附著點和槓桿作用、製造血球等。

肌肉系統：是由3種不同形態和功能的肌肉組成：

- 骨骼肌：附著在骨骼上，能夠隨著意志活動。
- 滑肌：構成體內器官的內層，不受意志操縱。
- 心臟肌：只能在心臟找到，不受意志的控制。

消化系統：是由食道和一些負責消化的器官，如胃、腸、肝、膽等組成，其主要功用是把食物分解成較細小及容易被吸收的物質。

生殖系統：是繁殖後代和形成並保持第二性特徵。男性生殖系統和女性生殖系統包括內生殖器和外生殖器兩個部分。

泌尿系統：是由腎、輸尿管、膀胱和尿道組成。其主要功能是排出人體新陳代謝中產生的廢物和多餘的液體。

免疫系統：是人體抵禦病原菌侵犯最重要的保衛系統。

神經系統：是由腦部、脊髓和數以百萬計的神經細胞所組成，從而構成了一個龐大並且複雜的網絡。神經系統的主要功用是把訊息及神經衝動從身體的某處傳送至另一處。

內分泌系統：是由一些稱作內分泌腺的特別腺體組成，其主要功用是分泌激素以調節身體代謝、生長、發育與生殖。

Chapter 05
消防處重要資料

為方便考生查閱，本書第五部分詳列於面試中考生可能會被提問有關消防處的現況及相關的知識。在這裡，我必須提醒考生，除了對這些知識有一個基本概念外，還要不時瀏覽消防處網頁，留意消防處有否新的動態或推出新的措施。

(1) 消防處組織
(1.1) 港島行動總區

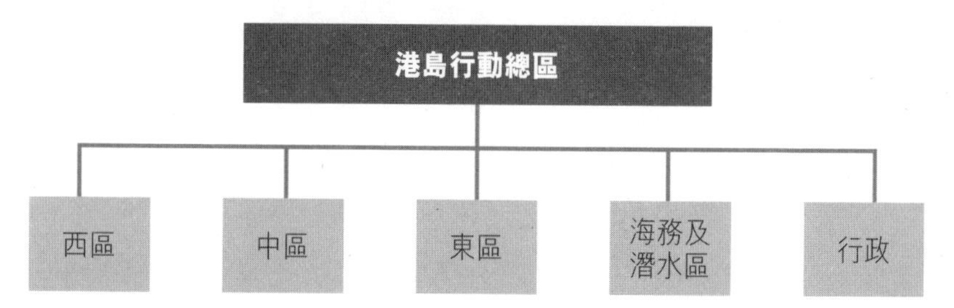

港島總區，
由助理處長（港島）掌管。

- 負責「港島總區」整體的管理工作
- 執行既定政策、命令及訓令
- 親自指揮四級火警及嚴重災難的救火及拯救工作
- 就防火安全事宜與其他部門及公眾聯絡

西區

1. 堅尼地城消防局
2. 香港仔消防局
3. 春坎角消防局
4. 鴨脷洲消防局
5. 薄扶林消防局
6. 沙灣消防局

中區

1. 上環消防局
2. 中區消防局
3. 港灣消防局
4. 山頂消防局
5. 灣仔消防局
6. 旭龢消防局
7. 消防安全巡查專隊/ 香港

東區

1. 北角消防局
2. 筲箕灣消防局
3. 柴灣消防局
4. 西灣河消防局
5. 銅鑼灣消防局
6. 寶馬山消防局

海務及潛水區

1. 六間滅火輪消防局
2. 愉景灣消防局
3. 大澳消防局
4. 舊大澳消防局
5. 梅窩消防局
6. 長沙消防局
7. 南丫消防局
8. 長洲消防局
9. 坪洲消防局
10. 潛水組
11. 消防處潛水基地

行政組

負責總區的行政事務

(1.2) 九龍行動總區

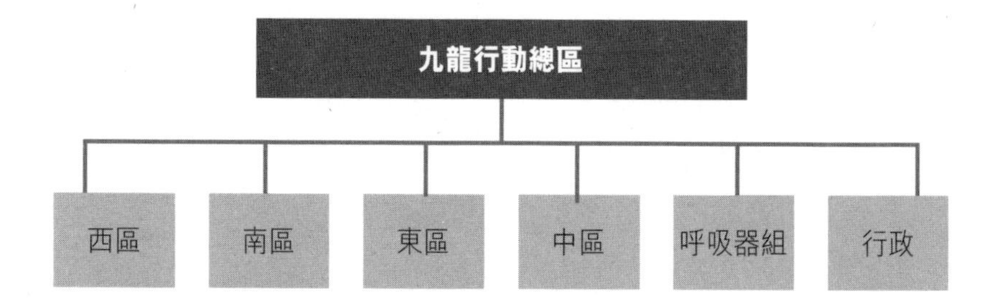

九龍總區，
由助理處長（九龍）掌管。

- 負責「九龍總區」整體的管理工作
- 執行既定政策、命令及訓令
- 親自指揮四級火警及嚴重災難的救火及拯救工作
- 就防火安全事宜與其他部門及公眾聯絡

西區

1. 旺角消防局
2. 長沙灣消防局
3. 荔枝角消防局
4. 石硤尾消防局
5. 九龍塘消防局
6. 消防安全巡查專隊/ 九龍2

南區

1. 尖沙咀消防局
2. 紅磡消防局
3. 尖東消防局
4. 油麻地消防局
5. 消防安全巡查專隊/ 九龍1

東區

1. 觀塘消防局
2. 油塘消防局
3. 九龍灣消防局
4. 藍田消防局
5. 寶林消防局
6. 大赤沙消防局

中區

1. 馬頭涌消防局
2. 黃大仙消防局
3. 牛池灣消防局
4. 順利消防局
5. 啟德消防局
6. 西貢消防局

呼吸器組

1. 港島呼吸器室
2. 九龍呼吸器室
3. 新界南呼吸器室
4. 新界北呼吸器室

行政組

負責總區的行政事務

(1.3) 新界南行動總區

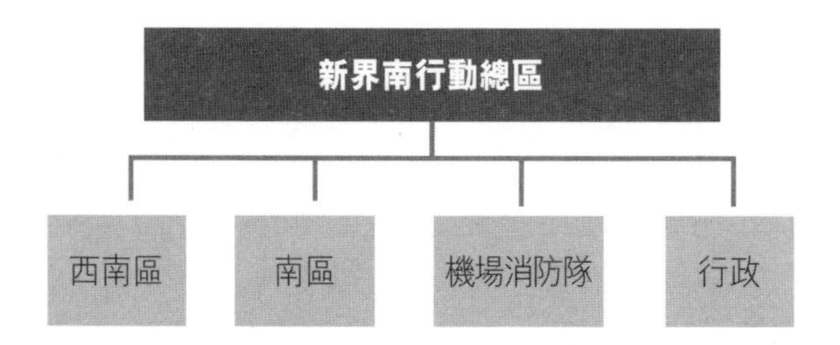

新界南行動總區，由助理處長（新界南）掌管。

- 負責「新界南總區」整體的管理工作
- 執行既定政策、命令及訓令
- 親自指揮四級火警及嚴重災難的救火及拯救工作
- 就防火安全事宜與其他部門及公眾聯絡
- 為機場提供滅火及救援服務

西南區

1. 青衣消防局
2. 青衣南消防局
3. 東涌消防局
4. 赤鱲角消防局
5. 馬灣消防局
6. 竹篙灣消防局
7. 港珠澳大橋消防局

南區

1. 葵涌消防局
2. 荃灣消防局
3. 荔景消防局
4. 梨木樹消防局
5. 深井消防局

機場消防隊

1. 機場南消防局
2. 機場中消防局
3. 海上救援東局
4. 海上救援西局

行政組

負責總區的行政事務

(1.3.1) 機場消防隊

機場消防隊的角色

香港國際機場的機場消防隊隸屬消防處，提供24小時緊急服務。消防隊負責在機場及其附近水域範圍內發生的飛機事故提供海陸滅火及緊急救援服務。當接到有關飛機事故的緊急召喚，消防車須在兩分鐘抵達跑道末端，及三分鐘內抵達其它飛機活動區。

香港國際機場屬於一個十級機場，面積約1,255公頃。機場設有兩條互相平衡的跑道，名為南跑道和北跑道，每條跑道全長3,800米。

機場消防局

香港國際機場屬於一個十級機場，面積約1255公頃。機場設有兩條互相平衡的跑道，名為南跑道和北跑道，每條跑道全長3800米。

機場消防隊在機場禁區適當位置設置「兩間」消防局，名為「機場消防主局」及「機場消防分局」，確保接到有關飛機事故的緊急應召後，消防車可在兩分鐘內及不超過三分鐘抵達跑道末端及其它飛機活動區。

「機場消防主局」座落於南跑道中場附近。

「機場消防分局」位於北跑道中場附近。每間消防局均配備相同的救援及滅火車車隊，每隊車隊包括兩輛快速截擊車、兩輛重型泡車、兩輛喉泡車、一輛無積升降台車及一輛救護車。

在機場範圍內發生飛機意外事故，兩間消防局會立刻出動所有搶救及滅火車輛。此外，機場禁區外的消防局及救護站，亦會派消防車及救護車提供支援。

海上救援局

由於機場四面環海，機場消防隊也為在機場附近水域內發生的飛機事故提供海上救援及滅火服務。兩艘高速雙體式船隻（分別名為「指揮船1號」及「指揮船2號」）及6艘大馬力快艇，分別派駐在「兩間海上救援局」。

兩間海上救援局名為「海上救援東局」及「海上救援西局」，分別座落機場東、西兩端。兩艘指揮船均有消防人員派駐及作為隨時候命的海上救援隊的核心設施。

在機場附近海域範圍內發生飛機事故，兩艘指揮船會立刻分別從兩間海上救援局出動趕赴現場，而兩間機場消防局的所有救援及滅火車輛亦會立刻出動分別前往兩間海上救援局，車上消防人員會駕駛停泊該處的快艇到肇事海面進行搶救及滅火工作。

編制

制服人員	高級消防區長	SDO	1 名
	消防區長	DO	1 名
	助理消防區長	ADO	8 名
	高級消防隊長	SStnO	8 名
	消防總隊目	PFn	39 名
	消防隊目	SFn	22 名
	消防員	Fn	152 名
	消防隊目 / 女消防隊目 (控制)	SFn/SFwn(C)	9 名
	小計	—	240 名
非制服人員	文書主任	—	1 名
	助理文書主任	—	2 名
	工人	—	3 名
	廚師	—	4 名
	小計	—	10 名
	總數	—	250 名

機場消防隊的當值制度

「高級消防區長」和「消防區長」是依持續當值制度值勤。

「助理消防區長」和員佐級人員分為3隊及依照每星期54小時的輪值制度值勤，提供24小時緊急服務，處理機場的飛機事故。

組織圖

組織圖

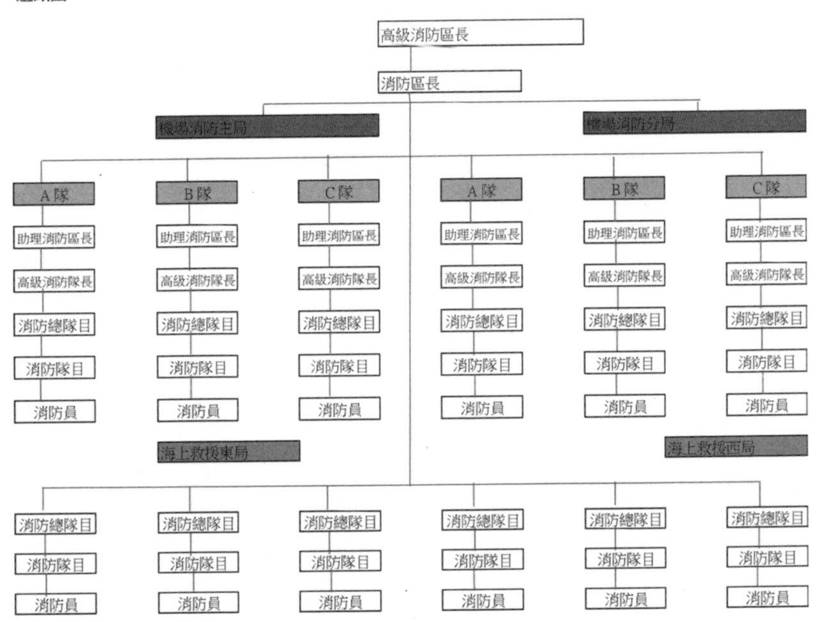

(1.4) 新界北行動總區

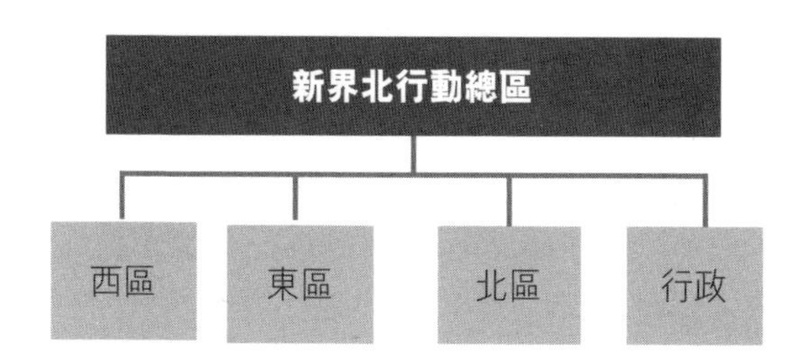

新界北行動總區，由助理處長（新界北）掌管。

- 負責「新界北總區」整體的管理工作
- 執行既定政策、命令及訓令
- 親自指揮四級火警及嚴重災難的救火及拯救工作
- 就防火安全事宜與其他部門及公眾聯絡

西區

1. 屯門消防局
2. 青山灣消防局
3. 天水圍消防局
4. 望后石消防局
5. 虎地消防局
6. 流浮山消防局
7. 深圳灣消防局
8. 大欖涌消防局

東區

1. 沙田消防局
2. 小瀝源消防局
3. 田心消防局
4. 馬鞍山消防局
5. 大埔消防局
6. 大埔東消防局
7. 消防安全巡查專隊/ 新界

北區

1. 粉嶺消防局
2. 上水消防局
3. 八鄉消防局
4. 沙頭角消防局
5. 打鼓嶺消防局
6. 米埔消防局
7. 元朗消防局

行政組

負責總區的行政事務

(1.5) 救護總區

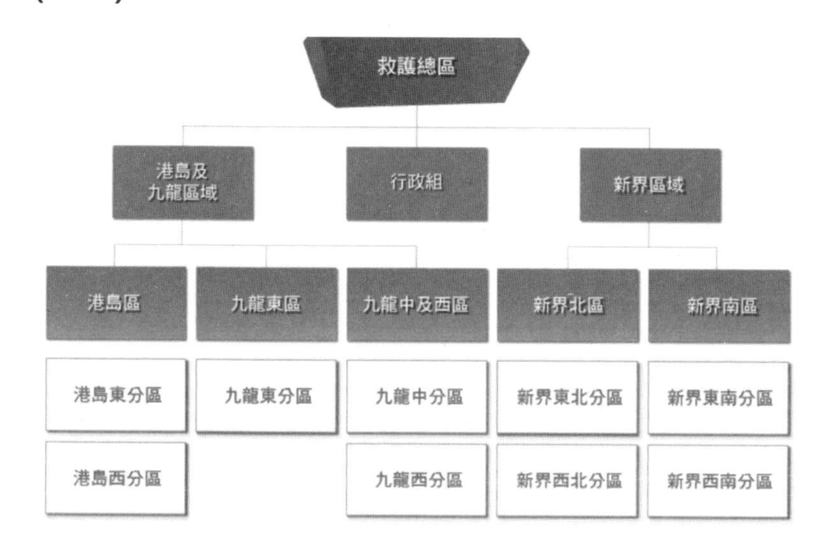

救護總區有：

- 救護車368輛
- 流動傷者治療車4輛
- 鄉村救護車4輛
- 救護電單車36輛

在2019年，救護總區奉召提供救護車服務達822,150次。

醫院管理局現時負責處理大部分非緊急救護服務，而來自私家醫院、社會福利署及衛生署的非緊急救護服務召喚，則由醫療輔助隊負責處理。

港島及九龍區域，由「高級助理救護總長」掌管。

- 監督救護站的日常運作
- 調配資源
- 管理維持生命的裝備和醫療用品的供應
- 與其他部門/機構聯絡
- 親自指揮嚴重事故中救護人員的工作
- 人事管理、福利及員工關係事宜

港島區，由「助理救護總長」掌管。
港島東分區，由「救護監督(港島東)」掌管。

1. 摩利臣山救護站
2. 柴灣救護局
3. 西灣河救護站
4. 寶馬山救護站

港島西分區，由「救護監督(港島西)」掌管。

1. 摩星嶺救護站
2. 薄扶林救護站
3. 香港仔救護站

九龍東區，由「助理救護總長」掌管。
九龍東分區，由「救護監督(九龍東)」掌管。

1. 黃大仙救護站
2. 牛頭角救護站
3. 寶林救護站
4. 藍田救護站
5. 大赤沙救護站

九龍中及西區，由「助理救護總長」掌管。
九龍中分區，由「救護監督(九龍中)」掌管。

1. 何文田救護站
2. 九龍塘救護站
3. 馬頭涌救護站
4. 白田救護站

九龍西分區，由「救護監督(九龍西)」掌管。

1. 旺角救護站
2. 尖東救護站
3. 油麻地救護站
4. 長沙灣救護站
5. 荔枝角救護站

新界區域，由「高級助理救護總長」掌管。

- 監督救護站的日常運作
- 調配資源
- 管理維持生命的裝備和醫療用品的供應
- 與其他部門/機構聯絡
- 親自指揮嚴重事故中救護人員的工作
- 人事管理、福利及員工關係事宜

新界北區，由「助理救護總長」掌管。
新界東北分區，由「救護監督(新界東北)」掌管。

1. 大埔救護站
2. 粉嶺救護站
3. 天水圍救護站
4. 流浮山救護站
5. 上水救護站

新界西北分區，由「救護監督(新界西北)」掌管。

1. 屯門救護站
2. 元朗救護站
3. 青山灣救護站
4. 深井救護站

新界南區，由「助理救護總長」掌管。
新界東南分區，由「救護監督(新界東南)」掌管。

1. 馬鞍山救護站
2. 梨木樹救護站
3. 沙田救護站
4. 田心救護站

新界西南分區，由「救護監督(新界西南)」掌管。

1. 荃灣救護站
2. 葵涌救護站
3. 東涌救護站
4. 青衣救護站
5. 竹篙灣救護站
6. 港珠澳大橋救護站

行政組，由「高級助理救護總長(總部)」掌管。

- 員工事務
- 編派人手
- 項目策劃
- 調派救護資源

(1.6) 行動支援及專業發展總區

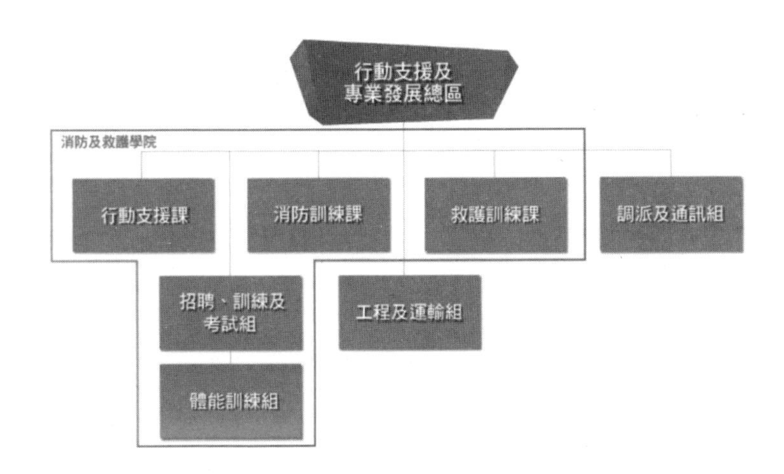

行動支援及專業發展總區，由副消防總長（行動支援及專業發展）掌管。

- 策劃訓練、招募等事宜
- 管制處內通訊及調派系統
- 負責消防車輛及滅火和救援設備的一切工程事

行動支援課，由「高級助理救護總長(總部)」掌管。

- 為各行動總區提供行動支援，包括技術支援、提供物資及行動知識管理
- 部門質素保證機制的發展及推行
- 策劃及監督技能訓練的認證機制

消防訓練課，由「副院長」掌管。

- 策劃及監督消防服務的專業知識
- 制定部門消防訓練政策及策略
- 為外間機構/其他政府部門舉辦滅火訓練課程

救護訓練課，由「副院長」掌管。

- 策劃及監督救護服務的專業知識
- 制定部門救護訓練政策及策略
- 輔助醫療發展

招聘、訓練及考試組，由「高級消防區長」掌管。

- 消防隊長/救護主任面試委員會
- 招聘軍裝人員
- 高級訓練及高級官員指揮課程
- 訓練課程綱要
- 內部考試的籌備工作

調派及通訊組，由「高級消防區長」掌管。

- 消防處通訊中心的有效運作
- 擬備及修訂與調派及通訊有關的部門訓令
- 編製行動統計數字
- 研究先進的調派及通訊設備

工程及運輸組，由「高級電機工程師」掌管

- 確保工程組有效運作
- 負責消防車的設計、規格、購買及保養等事宜
- 修理輔助裝置
- 就電氣/機械/油壓裝置提供意見
- 檢驗、測試並評估大型消防車輛

體能訓練組，由「消防區長」掌管

- 監察全體行動人員的體能
- 制定和執行體能教育政策
- 評定良好體能的規定
- 體能測驗和量度康體設備
- 研究處內人員在飲食營養方面的需要

(1.7) 消防安全總區

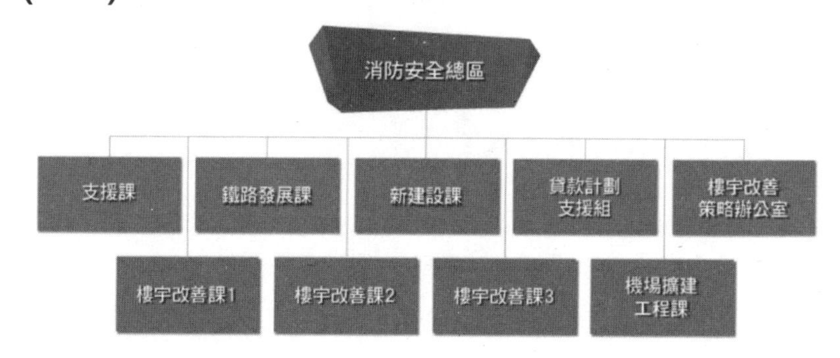

消防安全總區，
由助理處長（消防安全）掌管。

- 統管消防安全總區的一切事務
- 引用既定的要求及標準，執行防火方面的工作
- 開展及/或評估有關防火工作的消防工程研究
- 推廣最有效的防火方法，以配合本港的發展
- 改善訂明商業處所，以及商業、工業和私人建築物的消防安全措施
- 向市民推廣消防安全信息
- 制定和檢討各項防火政策、訓令、守則及法例等
- 調查有關建築物消防安全的投訴 (持牌處所及危險品投訴除外)
- 為新建樓宇及樓宇的改建制定和審批消防安全標準

由於近年防火工作急劇增加，防火總區由一九九九年六月一日起，分拆為兩個獨立總區：「牌照及審批總區」和「消防安全總區」。

樓宇改善策略辦公室，由「消防區長」掌管。

- 檢討改善舊式樓宇消防安全的策略，制定長期樓宇改善計劃的藍圖，並協調有關當局/部門以實現樓宇改善的目標

樓宇改善課

負責執行《消防安全(商業處所)條例》及《消防安全(建築物)條例》。樓宇改善課又分為「樓宇改善課1」、「樓宇改善課2」和「樓宇改善課3」。

「樓宇改善課1」：於港島區及離島、觀塘、黃大仙及九龍城等區議會分區執行相關法例，以改善區內訂明商業處所、指明商業建築物、舊式綜合用途建築物和住用建築物的防火措拖。

「樓宇改善課2」：在九龍（觀塘、黃大仙和九龍城等區議會分區除外）和新界區執行相關法例，以改善區內訂明商業處所、指明商業建築物、舊式綜合用途建築物和住用建築物的防火措拖。

「樓宇改善課3」：主動巡查全港工業建築物和舊式綜合用途建築物，及針對違規事項採取執法行動。此外，處理有關建築物消防安全的投訴（持牌處所及危險品投訴除外）和進行相關巡查。

鐵路發展課，由「高級消防區長」掌管。

為鐵路的基建項目制定消防安全規定和建議，有關項目包括鐵路發展策略：

- 沙田至中環線
- 南港島線（東段）
- 西港島線
- 廣深港高速鐵路
- 觀塘線延線

「鐵路發展課」除了為已建成鐵路的增建或改動工程制定消防安全規定和建議，部門亦會就建築物料、消防設備、物料的防火及抗火性能等方面，向建築師及工程師提供意見。

另外，確保有關消防裝置的設計、安裝及提供是符合《最低限度之消防裝置及設備守則與裝置及設備之檢查、測試及保養守則》的要求。

第三，檢討和更新《新鐵路基建設施消防安全規定制定指引》以促進鐵路業持份者採取一致的消防安全設計。

新建設課，由「高級消防區長」掌管。

- 為新建樓宇及現有樓宇的改動及加建工程制定消防安全規定
- 審批一般建築圖則，並在認為有關圖則所載的消防裝置符合規定時，簽發證書
- 向認可人士及顧問提供有關消防安全的意見
- 審批消防裝置圖則

支援課，由「高級消防區長」掌管。

- 制訂、檢討及更新有關改善樓宇消防安全的部門政策
- 向消防安全總區總部提供行政支援服務
- 處理公眾一般諮詢及為公眾提供改善樓宇消防安全的意見及資料
- 與地區防火委員會和區議會保持聯絡，並在有需要時出席相關會議，提供有關防火和公眾教育的意見
- 負責消防安全大使計劃及樓宇消防安全特使計劃的政策事宜，以及統籌部門所舉辦的消防安全大使活動

貸款計劃支援組，由「總行政主任」掌管。

- 協調審批改善消防裝置或設備及改善建築物消防安全的工程貸款申請
- 為消防處處長決定批核貸款申請提供行政支援
- 解答有關貸款計劃的查詢

機場擴建工程課，由「高級消防區長」掌管。

- 為機場三跑道系統計劃的新建樓宇及現有樓宇的改動及加建工程制定消防安全規定

- 審批有關機場三跑道系統計劃的一般建築圖則，並在認為有關圖則所載的消防裝置符合規定時，簽發證書
- 向認可人士及顧問就機場三跑道系統計劃提供有關消防安全的意見
- 審批有關機場三跑道系統計劃的消防裝置圖則
- 為機場三跑道系統計劃的新建樓宇的消防裝置及設備進行驗收

行政組，由「行政主任」掌管。

- 向消防安全總區提供行政支援服務

(1.8) 牌照及審批總區

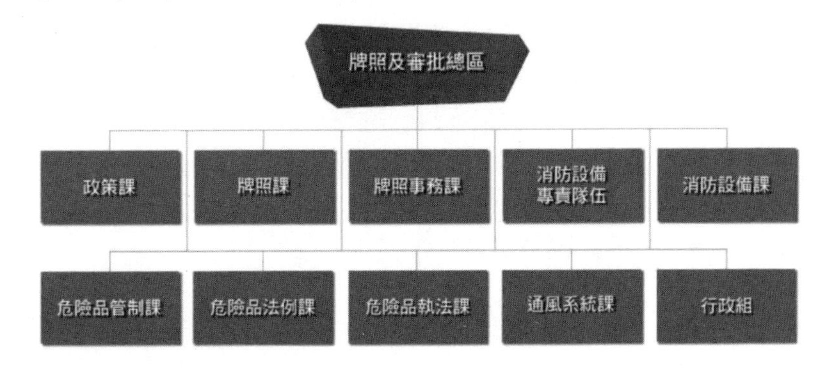

牌照及審批總區，由助理處長（牌照及審批）掌管。

- 統管牌照及審批總區的一切事務
- 為食肆、公共娛樂場所、卡拉OK場所、幼兒中心及學校等，制定和審批消防安全標準
- 監察關於木料倉，以及使用、貯存、製造和運送危險品的發牌管制工作
- 處理與消防裝置認可測試，以及消防裝置承辦商註冊有關的事宜
- 執行消除火警危險的法例
- 監察現有樓宇的消防裝置及有關裝置每年的保養情況
- 簽發新建樓宇的消防裝置及設備的証書

政策課

- 制定及檢討持牌/註冊處所(危險品及木料倉除外)的防火政策
- 處理法律及檢控事宜
- 審批本港使用的手提滅火裝備
- 就有關消防安全事宜提供意見

牌照課

- 就改建校舍和幼兒中心的註冊事宜、食肆和公眾娛樂場所的發牌事宜提供意見；並簽發消防證明書
- 處理該些處所(危險品及木料倉除外)有關火警危險的投訴
- 消除火警危險
- 就持牌處所(危險品及木料倉除外)的消防安全事宜提供意見

消防設備專責隊伍

- 檢查現有樓宇的消防裝置
- 處理有關樓宇消防裝置的投訴
- 監察註冊消防承辦商的專業水準
- 在有需要情況下採取執法行動
- 解答公眾、認可人士、機電工程顧問、消防裝置承辦商和其他政府部門有關消防裝置之查詢

危險品管制課

- 處理有關製造、貯存及使用危險品的牌照申請
- 處理有關盛載第3A類危險品貯槽的申請
- 制定及執行持牌危險品貯存所和工廠的消防安全規定

危險品法例課

- 統籌《危險品條例》及其附屬法例的修訂工作
- 制定及檢討危險品及木料倉的防火政策
- 頒布並更新各項配合《危險品條例》的工作守則和指引
- 制定並推行本港危險品的管制政策和措施

危險品執法課

- 處理有即時危險的防火執法工作
- 處理有關危險品車輛，第9A類危險品及木料倉牌照申請
- 處理有關壓力氣體容器的申請
- 管理註冊成為《危險品條例》獲批准的人
- 管理已沒收的危險品

通風系統課

- 監察樓宇和持牌處所內通風系統的消防安全
- 確保通風系統獲妥善保養
- 就通風系統承辦商的註冊事宜提供意見
- 評估通風系統內消防安全設備和製造物料的效用

行政組

- - 負責牌照及管制總區的行政事務，並提供文書及秘書的支援服務
- 處理消防裝置承辦商的註冊事宜

(1.9) 機構策略總區

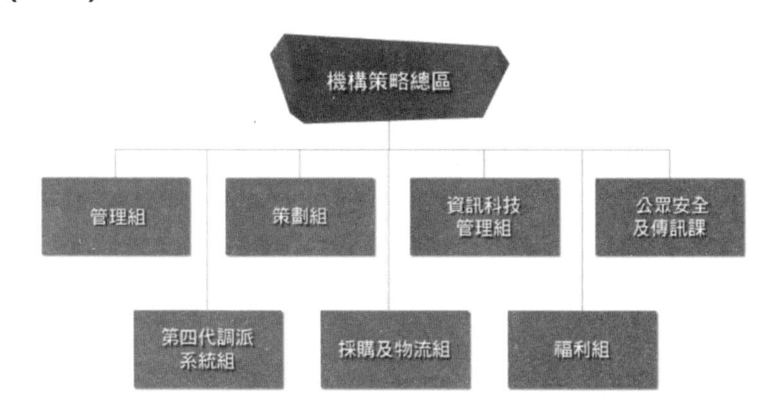

機構策略總區，由助理處長（機構策略）掌管。

- 制定及檢討部門政策、緩急次序及工作程序
- 草擬有法律效力的訓示
- 策劃人手、管理等事宜
- 市民投訴、宣傳及公共關係
- 資源分配及收支預算
- 制定部門反恐政策，與跨部門反恐專責組合作
- 與其他部隊聯絡

管理組，由「高級消防區長」掌管。

- 統籌、分配及有效使用部門的現有資源
- 調配人手到各總區的行政事宜
- 發佈和執行部門的政策及訓令
- 處理以資源作非緊急用途的申請
- 協調消防處處所及宿舍的使用、改善與維修工程

- 安排內地及海外消防同業到訪
- 處理涉及法律和公開資料的事務
- 致力改善工作環境，提高工作環境職業安全水平
- 危急事故的心理支援服務
- 臨床心理服務：心理評估及治療
- 心理健康的教育及培訓工作
- 心理健康的推廣工作

策劃組，由「高級消防區長」掌管。

- 規劃發展事宜
- 研究及實驗工作
- 評定全港發展計劃的成效
- 聯絡顧問公司及政府部門
- 與跨部門反恐專責組合作，以優化緊急應變計劃，並加強市民的警覺性和有關緊急事故應變準備的教育
- 為制訂緊急救援、大型洗消工作和大型疏散等的政府反恐策略，提供專業意見
- 就反恐工作聯絡不同部門，確保恐怖襲擊期間在提供緊急服務方面有更佳的協調

資訊科技管理組，由「高級消防區長」掌管。

- 根據本處的運作需要和電子政府的整體目標，釐定資訊科技計劃/ 策略，以及分配資訊科技資源
- 透過策劃、制定預算、取得和運用資訊科技的專業意見和資源、安排與專責資訊科技的團體/ 部門合作，以及管理承辦商的表現，以推行和維持以電子系統處理日常運作的方案
- 訂定、維持和維護本處的資訊科技保安政策和保安架構，並決定須進行的適當監察，以及在各方面作出適當取捨及平衡，以確保有關單位遵行上述政策

- 持續監察與本處運作有關的資訊科技發展趨勢和最佳做法
- 監管本處所有資訊科技項目的推行

公眾安全及傳訊課，由「高級消防區長」掌管。

- 制訂、檢討及更新部門公眾安全的宣傳及教育政策，以及監督所有與社區應急準備計劃相關的項目和課程
- 制訂並推行一個整體連貫及持續進行的公眾教育計劃，內容包括自然災害、社區生命支援、心肺復甦法的重要和自動心臟除顫器的使用方法，以及慎用救護服務
- 與大型管理機構、大型基建的主要持份者、大型活動的主辦單位及其他相關政府部門等建立聯繫網絡，以便按社區應急準備計劃推廣相關部門宣傳活動
- 監督資料發放機制，確保向公眾所發放有關社區應急準備計劃的資訊（包括通過社交媒體平台發放的信息）準確無誤

第四代調派系統組，由「高級消防區長」掌管。

- 推行部門就更換現有調派系統的項目計劃
- 因應資訊科技發展趨勢和現今各緊急通訊中心最佳做法，設計、發展及制定新系統的技術規格要求
- 根據項目時間表，監察項目發展進度
- 分析項目計劃成本及控制支出預算
- 監管第四代調派系統的整體推行

採購及物流組，由「高級消防區長」掌管。

- 策劃、組織及推行採購策略和政策
- 制定採購及物流事宜的指引及訓令
- 管理與採購消防及救護之工具，制服和個人防護裝備相關的事宜
- 監督物料供應及裝備的帳目開支
- 監督消防處物料供應倉的運作

福利組，由「消防福利主任」掌管。

- 籌劃職員福利計劃、聯誼康樂活動
- 統籌福利組及各總區福利主任的工作
- 制定部門福利政策
- 監察福利項目的開支
- 售賣福利物品

(1.10) 行政科

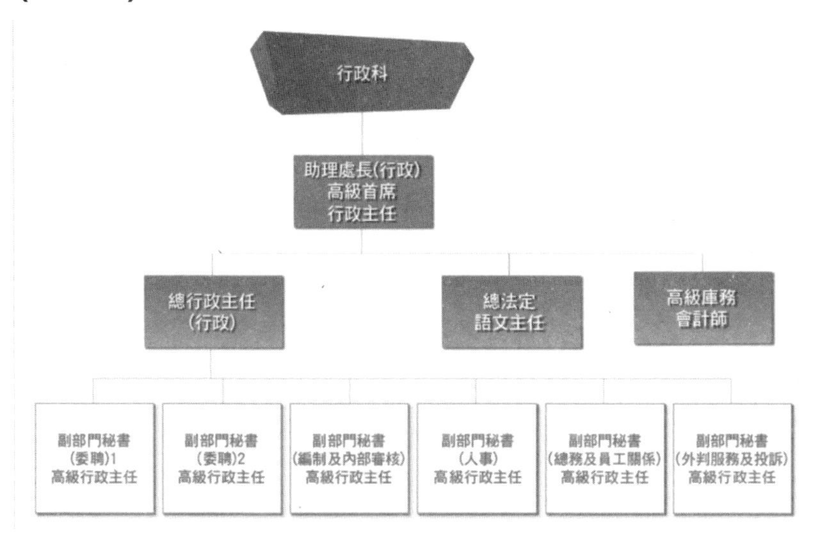

行政科由「高級首席行政主任」掌管

- 為部門的整體管理提供行政支援
- 制定部門行政指引
- 協助管理人力資源及部門的運作開支
- 監督行政科的運作
- 管理部門文職人員

總行政主任（行政）

協助助理處長(行政)管理文職人員及監督行政科的日常運作，工作範疇包括：

- 人力資源管理
- 招聘及晉升事宜
- 編制
- 一般行政及員工關係工作
- 外判服務

高級庫務會計師

協助助理處長(行政)監督財務組的日常運作，工作範疇包括：

- 擬備政府財務報告
- 實行財務規劃及管理
- 提供財務諮詢及支援服務
- 檢討各項收費

總法定語文主任

協助助理處長(行政)管理法定語文組，向部門提供以下語文支援服務：

- 翻譯、審閱和草擬文件
- 提供語文應用的意見
- 協助籌辦語文推廣活動

(2) 專門行動單位 / 隊

(2.1) 高空拯救專隊 High Angle Rescue Team (HART)

高空拯救專隊的主要職務是在某類高空環境執行救援行動，例如纜車、塔式起重機、橋塔、建築地盤棚架及高樓大廈的吊船。

高空拯救專隊隊員已接受進階高空拯救訓練。所有隊員均須接受為期五周的進階訓練，以在各種高空拯救行動中，執行須使用繩索及專門裝備的救援工作。

於2015年，有22人通過遴選成為高空拯救專隊的新隊員，並已接受高空拯救專隊初級訓練，而高空拯救專隊總人數亦由40人增至62人。

為保持現有高空拯救專隊隊員的能力，以及確保他們掌握最新技巧，部門繼續為隊員提供不同的情境訓練。部門亦為消防局屬員提供其他利用繩索進行救援的相關訓練，以加強他們的技巧及安全意識。

除兩間指定消防局（即薄扶林消防局及田心消防局）外，2016年初，高空拯救專隊隊員亦會派駐九龍灣消防局（合共3間），以提升九龍總區高空拯救行動的行動效率。

2016年，專隊有62名隊員，派駐各行動總區。

(2.2) 危害物質專隊 (HazMat Team)

消防處因應物流業迅速增長、以及危害物質的使用及運載日益增加，為使香港成為一個安居樂業的城市，因此於2012年3月1日成立「危害物質專隊」以應付一旦發生的事故。

「危害物質專隊」的主要責任為阻止包括核輻射在內的危害物質擴散、污染及處理相關事故的滅火及救援任務，架構分為 3 層，包括危害物質統籌主任、總區支援組，以及前線小組。

「危害物質專隊」合共有4支分隊，分別駐守於：

(1)上環消防局 (2)尖沙咀消防局 (3)荔景消防局 (4)沙田消防局

另外，政府化驗所亦有30多名化驗師組成緊急應變小組，在消防處處理危險化學品洩漏時提供專業意見。危害物質專隊由一名部門危害物質統籌主任督導，隊員由「總區危害物質事故支援組」及「前線危害物質小組」的成員組成。

「前線危害物質小組」則由指定消防局的「四支危害物質分隊」及其他消防局的合資格隊目級人員組成。超過800名前線人員已接受成為危害物質技術人員的多方面訓練，並掌握處理危害物質事故的專業知識和技巧。

危害物質專隊主要負責向處理危害物質事故的現場總指揮官提供有關行動策略、應對方法及安全措施的建議。

危害物質專隊隊員亦會監察及評估現場的情況，採取適當的緩解措施，以控制或局限危害物質，並在有需要時提供即場洗消行動。為執行上述職務，危害物質專隊配備多種專門的偵查及監測儀器，並接受相關訓練，以分析不明化學品、爆炸性空氣、充斥有毒氣體的環境、放射物質及氣體監測等；並配備不同的緩解工具，以控制或局限各種危害物質。

為進一步提升危害物質專隊的專業及應變能力，隊員須每5年修讀覆檢課程。消防處亦會繼續派員赴美修讀由「伊利諾州大學伊利諾消防學院舉辦的危害物質訓練課程」。

2016年，共有6名人員在該學院接受危害物質訓練。此外，2名主任級人員和12名員佐級人員，在新加坡民防部隊民防學院參加了為期2星期的「國際危害物質應變課程」。

(2.3) 坍塌搜救專隊（Urban Search and Rescue，簡稱 USAR）

坍塌搜救專隊由選自「特種救援隊」的消防和救護人員，另加「工程組」人員組成。坍塌搜救專隊的166名成員受過專門訓練，包括運用先進設備學習進階搜救的技巧。他們的主要職責，是在本港或外地發生構築物坍塌、山泥傾瀉或其他大型事故時，搜救被困或埋在瓦礫下的人。
位於新界上水的「坍塌搜救專隊」訓練場提供各種專業設施，讓「坍塌搜救專隊」隊員在模擬環境下進行安全和持續的訓練。
而「坍塌搜索犬」亦在該場地接受訓練。

(2.4) 火警調查犬組 (Fire Investigation Dog Unit)

火警調查犬組轄下有3支「火警調查犬隊」。每隊有1名領犬員及1頭火警調查犬。該3支火警調查犬隊由一名技術主管督導，他負責監督現場的助燃劑偵測行動，並監察火警調查犬的持續訓練。
火警調查犬利用天生的敏銳嗅覺，協助領犬員確定火警現場是否有助燃劑，並尋找證物，例如棄置的助燃劑容器。火警調查犬行動靈活敏捷，可快速及有效地搜索大面積的火場範圍，因而有助縮短調查人員挖掘及收集餘燼所需的時間。火警調查犬均為拉布拉多尋回犬，牠們能偵測出6種縱火時常用的助燃劑，包括電油、柴油、火水、松節水、天拿水和白電油。
2016年，火警調查犬組在13宗火警事故的現場進行偵測，亦參加了13項宣傳活動。

(2.5) 先遣急救員 (First Responder)

先遣急救員計劃於2003年9月開始實施，初期由7間設於策略性位置的消防局試行提供服務。旨在由受過訓練的「前線消防人員」，在救護人員到場前為傷病者施行基本急救。

由於「先遣急救員計劃」卓有成效，而且反應良好，消防處分階段擴展計劃。

目前全港的消防局、滅火輪消防局、機場消防隊（包括兩艘指揮船）及潛水支援船，均有「先遣急救員」駐守。

先遣急救員處理緊急醫療服務召喚時，會視乎事故現場及天氣情況，穿上黃色反光背心或外套，背心及外套前後均印上「先遣急救員」的中英文字樣。

先遣急救員處理其他緊急事故時，會穿著全套滅火防護裝備，並佩戴印上「藍色十字標記」的消防頭盔，以資識別。

如「先遣急救員」能比救護車更早到達現場，消防處便會同時出動「先遣急救員」和「救護車」。先遣急救員處理的緊急醫療服務召喚主要包括以下類別：

- 心臟病
- 呼吸停頓/ 氣促
- 不省人事
- 呼吸道受異物阻塞
- 大量出血
- 其他令生命受威脅的情況

消防處正全面推行進階救護學訓練計劃，務使全體前線消防人員受訓後成為「先遣急救員」。

截至2015年年底，已有4,153名屬員符合資格成為「先遣急救員」。

2016年，先遣急救隊員出動41,860宗個案，協助28,671名傷病者，亦令41名已沒有呼吸或脈膊的傷者獲救。

(2.6) 通訊支援隊 (Communications Support Team，簡稱 CST)

為了提升消防人員在發生嚴重事故時於火場的通訊能力，消防處就無線電通訊程序及分配手提無線電通話機的事宜進行檢討，於2011年6月1日決定成立「通訊支援隊」，以提升在火場的無線電通訊效能。

每當發生三級或以上之火警召喚時，又或者有其他重大行動及在現場總指揮官的要求下，「通訊支援隊」成員便會出動參與行動，支援進入火場人員。

通訊支援隊的職責包括：

- 提升在火場的無線電通訊效能、
- 於火場提供額外的手提無線電通話機及備用電池，避免錯過重要的行動信息、
- 分擔現場總指揮官監察無線電通訊的工作，以及拍攝現場情況以傳送影像至流動指揮車。

通訊支援隊

- 由指定消防局的一部油壓升降台/ 泵車和一部流動指揮車的隊員組成。
- 會在發生三級或以上火警時，或應現場總指揮官的要求出動。
- 自2011年成立以來，曾在多宗事故中發揮通訊支援的功能，成效顯著。

(2.7) 調派及通訊 (Mobilising and Communications)

調派及通訊 - 配備「第三代調派系統」的消防通訊中心全日均有人員當值，負責調派所有滅火及救護資源，為市民提供適時的消防及救護服務。
消防通訊中心亦接收有關火警危險及危險品的投訴，並在大型緊急事故或重大災難事故中，為政府其他部門及公用事業機構提供緊急協調服務。
消防處採用數碼集群無線電系統，能確保事故現場的無線電通訊有效運作及具效率。

(2.8) 潛水服務 (Diving Services)

潛水組約由150名潛水員組成，分為6隊，專責香港水域內的水底搜救行動。
配備壓縮空氣潛水裝備及水底爆破工具的潛水員，能在水深達42米的範圍內執行任務。潛水組亦與勞工處的醫療人員合作管理消防處加壓設施，提供高壓氧治療。
「潛水行動及訓練支援組」於2013年成立，在2015年為超過2,500名消防處屬員舉辦137班不同程度的潛水及水中拯救訓練課。
「潛水特救隊」於2015年12月成立，以應對屯門至赤鱲角連接路項目海底隧道建造期間須執行救援行動的挑戰，並引入專門的訓練及混合氣潛水技術，以配合行動需要。
2016年，潛水組處理了447宗緊急個案，涉及40宗火警和359宗特別事故。

(2.9) 滅火輪 (Fireboats)

港島總區轄下的「海務及離島區」滅火輪組共有：

- 8艘滅火輪
- 1艘潛水支援船
- 2艘潛水支援快艇

消防處會繼續推行滅火輪船隊現代化，現正為更換七號滅火輪進行採購，新滅火輪預計將於2017年底運抵部門。

新的「七號滅火輪」除了先進的導航儀器外，將備有化學、生物、放射及核能防護功能，可保護在船上工作的消防人員，免受上述物質危害。

新船的航速更高達35節或以上，將縮短緊急服務的召達時間。新船於2019年運抵。

消防處已完成在「滅火輪」、「潛水支援船」和「潛水支援快艇」上安裝自動識別系統。

為了增強在能見度有限情況下的海上搜救能力，兩艘「潛水支援快艇」備有手提式熱能顯像機。滅火輪和潛水支援船將分別在2016年及2017年或之前，完成安裝熱能夜視機。

(2.10) 攀山拯救隊

自2016年10月7日開始運作，隊員包括「消防及救護學院」技術救援組的合資格技術教官，主要職務是協助山嶺搜救行動的總指揮官評估現場情況，找出可能有傷者的位置，及制訂合適的搜救策略。

(2.11) 成立「事故安全隊」及「特勤支援隊」

事故安全隊

消防處為了進一步提升前線消防人員的滅火、救援能力以及加強其行動安全，在2017至18年度成立4支「事故安全隊」涉及新增52個職位，負責現場安全和質素保證審核工作。

每當有三級火或以上火警，「事故安全隊」會即時到達火場，從旁以獨立第三者身分進行觀察，審視有否根據安全及既定程序工作，並在事故現場進行風險評估，包括：

- 火勢的發展和控制
- 樓宇結構的狀況和佔用情況
- 相關的滅火策略及行動進度等

在有需要時會向處理救火、救援工作的現場主管提供建議，而最終會由現場主管決定是否接納。而毋須到場之時，「事故安全隊」則會到不同分局視察，以做好質素保證的工作。

「事故安全隊」隸屬於【消防及救護訓練學院】，在港島、九龍總區各有一隊，新界總區設有兩隊，並由1名「助理區長」、1名「高級隊長」及2名「消防隊目」所管理。

特勤支援隊

同時，亦將成立「特勤支援隊」，負責在大型或長時間的滅火或救援行動中提供支援，進一步提升行動效率。

「特勤支援隊」，編制合共有72人，是由現時擁有22人的「事故及消防安全支援隊」再增加人手改組而成。

消防處需與時並進及與國際接軌，增設「事故安全隊」及「特勤支援隊」是迎合國際做法，使消防工作質素得以保證及確保專業水平。

(3) 香港救護服務 (Ambulance Service)

一般而言，香港救護服務大致分為「緊急救護服務」及「非緊急救護車運載服務」兩大類。

「緊急救護服務」主要為情況危急的傷病者提供送院前治理，並把他們送往醫院立即接受醫療護理。

而「非緊急救護車運載服務」則為傷病者提供往/返醫院的運送服務。

香港救護服務由以下政府及非政府機構提供：

(1) 香港消防處　(2) 醫療輔助隊

(3) 醫院管理局　(4) 香港聖約翰救護機構

(1)香港消防處

消防處救護車為境內包括離島居民提供「緊急救護服務」，市民遇有急病或受傷而未能自行求診者可致電999熱線或直撥消防處救護車調派中心（電話2735 3355）要求緊急救護服務。

在可能情況下，如非嚴重傷病，例如日炙以致皮膚紅癢等，市民應利用其他途徑往醫院求診。

為了使控制中心人員能更有效率地調派救護車為市民服務，當線路接通後，致電者應提供以下資料：

1. 發生何事（例如有人暈倒、有人受傷、病人等）
2. 詳述事發地點
3. 簡述傷病者情況（如病人年齡、性別、病徵、病狀、受傷情況、人數等）
4. 聯絡電話

(2)醫療輔助隊

醫療輔助隊為有需要的市民提供免費「非緊急救護車運載服務」。

服務對象為前往醫院管理局轄下診所就診的人士或由私家醫院轉介的病人。

醫療輔助隊所提供的有關服務時間由星期一至日（包括公眾假期）上午8時至下午6時。服務範圍包括香港、九龍、新界及大嶼山等區域。

申請人須填妥申請表格（AMS 52）並由醫院管理局轄下診所/醫院授權的醫護人員或私家醫院的醫務人員簽署。

在使用上述服務時，需要1個工作天傳真（2886　5397）至醫療輔助隊非緊急救護車服務總部（東區法院大樓12樓的控制室），並致電該辦事處作進一步核實。如有任何疑問，可以致電醫療輔助隊查詢熱線2567 0705。

(3)醫院管理局

醫院管理局的「非緊急救護車運載服務」，主要為老人日間醫院病人、出院病人（住院或到急症室接受治療後的病人）以及專科門診病人，提供點對點（即住所往返醫院或專科診所）的運送服務。

服務對象主要為未能使用公共巴士、的士、復康巴士等交通工具的行動不便病人。

使用該項服務的病人，須符合醫院管理局的既定準則和指引。這些病人包括卧床病人、輪椅病人（住處沒有電梯設施）、年老獨居及行動不便而須使用步行輔助器的長者、有精神或感官（例如視力）障礙而出院時沒有親友接送的病人等。

有需要使用該項服務者，可直接向就診診所或醫院的醫護人員提出要求。

覆診病人只要符合有關的服務使用條件，醫護人員即會安排下一次覆診日期及時間，透過特設的電腦預約系統，為病人一併預約下一次的「非緊急救護車運載服務」。

(4)香港聖約翰救護機構

香港聖約翰救傷隊為市民提供免費「緊急救護服務」。

救傷隊之救護車，分別駐守港、九及新界區3個救護站，向市民提供24小時之「緊急救護服務」。

除此之外，救傷隊亦為大型體育活動，賽馬等，提供駐場救護服務。

除了以上的免費服務外，救傷隊亦為私家醫院的病人提供就診或出院之收費接送服務。收費為港幣300元正（以單程計算，當中不包括隧道收費）。服務範圍不包括禁區或邊境的接送。此服務需於一個工作天前透過所屬的私家醫院申請預約，服務時間為星期一至五，上午9時至下午5時正。

由於救傷隊的宗旨是優先處理「緊急救護服務」及當值車輛有限，此類收費服務只會於非繁忙時間才獲處理。

聖約翰救護車緊急召喚熱線電話：1878 000

聖約翰救護站的位置：

香港區 銅鑼灣大坑道2號/九龍區 何文田公主道10號/新界區 上水天平路28號

而消防處截至2015年12月31日，配備371部救護車，平均車齡約為3.6年。

除了救護車外，部門亦管理下列車輛，為全港市民提供服務：

36部急救醫療電單車、4部流動傷者治療車、1部輔助醫療裝備車、3部快速應變急救車及1部救護信息宣傳車。

救護總區在2016年內處理了773,322宗召喚，平均每天2,118宗。

2015年內共處理了679,912名傷病者，平均每天1,863名傷病者。

在「緊急救護車」、「急救醫療電單車」當值的救護人員，均具備輔助醫療資格。除自動心臟去顫器等復甦設備外，輔助醫療主管亦能使用指定藥品，處理糖尿病急症、過敏性休克、低血容量性休克、心源性胸痛、氣促、抽搐和服食過量藥物等情況。

於2015年年底，所有救護車主管均已接受訓練，為受嚴重創傷並大量出血的傷者注射傳明酸。為提升治理心跳停止傷病者的效率，所有救護車主管均須接受高級氣道處理的訓練，為呼吸停止的傷病者進行搶救。

此外，部分救護車主管亦已接受訓練，能在施行緊急復甦治療時為心動停止的傷病者注射腎上腺素。

(3.1) 救護員基本訓練、二級急救醫療助理 (EMA II)、在職訓練

A. 基本訓練

(1)救護員

所有新招聘的救護員，須在消防處「消防及救護學院」接受為期26個星期的基本訓練，受訓期間須留宿院內。

接受過基本訓練的學員，具備相等於「加拿大卑斯省同濟專科學院」【一級急救醫療助理】（EMA I - Emergency Medical Assistant I）的資格。

學員修畢課程後，將可勝任救護員工作，其職責包括：

(a) 評估傷病者的情況

(b) 處理現場急需救治的病人：

- 氣道處理
- 創傷個案的處理
- 脊椎制動
- 攀山拯救
- 心肺復甦法
- 骨折處理
- 緊急醫療事故的處理

(c) 使用和保養各類裝備，例如 ：

- 氧氣設備
- 安桃樂鎮痛器
- 夾板
- 抬床
- 復甦器具
- 自動體外心臟去顫器
- 敷料和繃帶
- 救護車輪椅

(d) 按照部門工作程序，在現場拯救和運送傷病者。

(2)救護隊目

這個職位是「救護員」的晉升職級，救護員最少須具備5年年資和持有「救護隊目」證書才合資格晉升。

「救護隊目」職責是擔任救護車主管，他們除了具備一般救護員所需的急救醫療知識和技能外，還須參與為期兩個星期的隊目級人員指揮才能訓練課程，該課程著重培訓學員的領導、管理與督導才能。

(3)救護總隊目

「救護總隊目」是救護隊目的晉升職級，他們除了擔任救護車主管外，並擔任救護站5支分隊其中一支的主管。

(B) 輔助醫療訓練

(1)二級急救醫療助理訓練

合資格的救護車主管（「救護隊目」和「救護總隊目」）經甄選後，將獲提名參加【二級急救醫療助理】(EMA II - Emergency Medical Assistant II) 訓練計劃。

整個【二級急救醫療助理】訓練計劃為期20個星期。在首4個星期，獲選參與訓練的救護人員以自學形式，研習課程的內容 。

接著是為期2星期的【二級急救醫療助理】預修研習班。研習班理論與實踐並重，只要通過筆試和實習試，就可進一步修讀【二級急救醫療助理】修業前閱讀課程。

這是一項自修課程，為期6星期，修畢後可參與同樣是為期6星期的【二級急救醫療助理】課程。

重要理論課程，由經驗豐富的醫生任教。學員除了學習理論外，亦須接受嚴格的實習訓練，實習範圍包括傷病者評估模式和處理程序。

通過筆試和實習試的學員，會獲安排到醫院接受為期2星期的實習訓練。在專業醫療人員的指導下，學員對診斷傷病者、使用藥物，以及靜脈和肌肉注射技術，將有更深入認識，並可從中汲取經驗。

在完成上述訓練計劃後，學員懂得運用的輔助醫療技術包括：

- 全面的傷病者評估
- 利用心肺復甦法和心臟去纖震法提供心臟護理
- 靜脈注射
- 肌肉注射
- 使用選定藥物

這項技術資格，相等於修畢「加拿大卑詩省同濟專科學院」【二級急救醫療助理】訓練課程可獲得的資格。

(2)持續訓練

所有合資格的【二級急救醫療助理】救護車主管，須每3年參加一個為期兩星期的重新考核課程，以重新評估他們 的輔助醫療技術和監察他們的工作表現水平。部分理論課由醫生任教。【二級急救醫療助理】須筆試和實習考試合格，才可繼續為傷病者提供【二級急救醫療助理】服務。

消防處將在介乎兩個重新考核課程期間，舉辦一項為期3天的持續醫療教育課程，向學員介紹最新的處理傷病者程序和裝備，並進行個案研究，解答學員在執行輔助醫療職務時所遇到的疑難。

此外，消防處亦會舉辦有關輔助醫療的短期課程，例如高級氣道處理課程，教導【二級急救醫療助理】主管使用 喉罩氣道和併合氣管，使呼吸停止的病人氣道保持暢通。

(C)在職訓練課程

(1)救護電單車課程

持有有效電單車駕駛執照，並對駕駛救護電單車的職務有興趣的救護車主管，經甄選後，可參加一項為期3星期的救護電單車駕駛課程。隨後，他們須參加一項為期2星期的「特別設計訓練課程」（即救護電單車特別課程）。

這課程集中講解救護電單車裝備的使用方法，同時加強學員在氣道處理和控制出血方面的技術，以及令他們熟習處理重大事故的程序。

如發生嚴重事故，例如交通意外、傷病者心搏停止、嚴重創傷和神智不清等，救護電單車的操作人員會快速趕到現場。

(2)其他技術課程

1. 醫院訓練：救護車主管經甄選後，獲派駐醫院4星期，汲取關於評估傷病者、護理慢性病患者、為危殆傷病者提供復甦治療等臨床經驗。
2. 攀山拯救課程：所有救護人員均須參加為期1天的攀山拯救課程，接受基本攀山拯救技術訓練。
3. 駕駛訓練課程：消防處為救護員舉辦各種駕駛訓練課程，協助他們取得所需駕駛資格。
4. 救護總區教官課程：救護總隊目經甄選後，可參加這項課程，以便取得救護總區教官的資格。這課程有助救護總隊目更有系統和更有效率地向救護人員授課和指導他們上實習課。

(3)複修訓練

各級救護員每隔3至4年都要參加一次有系統的複修訓練，為期兩周。

複修訓練課程的目的，是讓救護人員吸收下列各方面的新知識，包括：

- 修訂的處理傷病者程序
- 新裝備的使用
- 送院前護理的新技術
- 新的行動程序等

(4)救護站提供的訓練

救護站會定期為救護人員舉行訓練，以便他們熟習新程序，以及掌握新裝備和新技術的使用方法。

(3.2) 救護車電子出勤記錄

「救護車電子出勤記錄系統」是一套電腦系統，以電子方式記錄傷病者的資料，以便備存他們的臨床數據，隨後可經輔助醫療服務質素保證系統，分析有關資料。

「救護車電子出勤記錄系統」在2009年開始運作。消防處會不時更新系統的軟件和硬件，以提升系統能力，包括系統保安及輔助醫療程序。

「救護車電子出勤記錄系統」自2014年9月起，已進一步提升，能透過保密的無線網絡傳送數據及檢索數據。

(3.3) 特別支援隊

於2014年4月，一支名為「特別支援隊」的專責隊伍成立，目的是加強救護服務的應變能力及行動效率，應對在特別節日、涉及大量傷者和發生大型事故的緊急救護服務需求。

「特別支援隊」由24名救護人員組成，派駐「港島及九龍」和「新界」兩個行動區域。

「特別支援隊」成員除了因應需要提供行動支援，分擔其他救護單位的工作量之外，亦會接受有關處理涉及大量傷者事故和大型事故的訓練，並參與相關演習/ 操練；到訪高風險的地點，例如信德直升機場、香港大球場、邊境管制站、屯門至赤鱲角連接路，以熟習有關地點；並就不同課題演講，以提升救護人員的行動及行政效率。

(3.4) 調派後指引

消防處為了加強緊急救護服務，讓傷病者在救護人員抵達前，得到適當的即時護理，減低傷病情況惡化的機會; 由2011年5月起，會就以下3類較易識別的損傷，向召喚救護服務的市民，提供簡單的「調派後急救指引」即：

- 燒傷
- 骨折脫臼
- 流血

消防處會在調派救護車後，向召喚者提供簡單的「救護服務調派後指引」，以幫助穩定傷病者的情況。而這些「急救指引」並不涉及任何複雜處理之程序，容易掌握。經臨床證明，能有效減低傷病情況惡化的風險，並可令傷病者因得到適當的處理而改善病況。

例如：

- 處理「燒傷」的人士，要用大量清水沖洗傷口10分鐘，減輕傷者的痛楚；
- 處理「手腳脫臼或骨折」的個案時，不要隨便移動傷者，避免傷勢進一步惡化；
- 處理「流血」個案時，則應用潔淨的毛巾按實傷者流血的部位止血等。

而曾經接受「救護服務調派後指引」的市民，在進行的電話問卷調查結果顯示，超過九成半的被訪者均普遍對「救護服務調派後指引」感到滿意，並且認同消防處應該繼續向救護服務召喚者，提供「救護服務調派後指引」。

有見及此，2012年6月1日起，消防處擴大「救護服務調派後指引」計劃之服務範圍。並且將「抽搐」以及「中暑」的急救指引，加入現時的「救護服務調派後指引」內。

「抽搐」的急救指引，會提醒召喚者不要強行將外物擠進患者口中，以及移開附近會對患者構成危險的物件。

而「中暑」的急救指引，會指導召喚者盡快協助降低患者的體溫。

由2013年1月起，消防處再加入「低溫症」的指引。

「救護服務調派後指引」雖然簡單，但傷病者身邊的人，往往在情況危急時不知所措。如果召喚者能夠保持鎮定及在情況許可下提供協助，「救護服務調派後指引」可以讓傷病者，在救護人員到達前，得到適當的即時護理，以及可減低傷病者情況惡化的機會。

【註】：

(1)：召喚者是否接納「救護服務調派後指引」，純屬自願，召喚者可以自行決定是否聽取或跟隨指引。

(2)：當通訊中心人員懷疑召喚救護車的人士，沒有能力去理解或執行調派後指引，例如是小孩，通訊中心人員便不會提供指引。

(3)：此外，通訊中心人員亦會向召喚救護車人士，提供一些「省時建議」，當中包括：

- 帶備病人經常服用的藥物、病歷以及出院紀錄（如有的話）
- 請通知其他人引領救護人員。救護車正趕往現場。
- 開門等候救護人員到達等，讓救護人員盡快提供醫療援助。

於2015年，有8,327名召喚者獲提供「調派後指引」；他們普遍對消防處提供的調派後指引感到滿意，並認同消防處日後應繼續為召喚者，提供調派後指引。

由於獲得公眾支持，並為進一步改善緊急救護服務，消防處現正開發一套電腦系統，包含國際認可的發問指引軟件，協助消防通訊中心調派員，向召喚者提供更全面適切的調派後指引，以穩定傷病者的情況。

有關項目於2015年5月8日，獲立法會財務委員會批准撥款。消防處已成立專責小組，推行該項目。

附錄

消防處調派後指引 服務涵蓋的傷病擴展至32種情況

1. 腹痛/ 腹部不適
2. 過敏（反應）/ 咬傷中毒（螫傷/ 咬傷）
3. 動物咬傷/ 攻擊
4. 暴力攻擊/ 性侵犯/ 電槍
5. 腰背痛（非創傷或非近期創傷）
6. 呼吸問題
7. 燒傷（燙傷）/ 爆炸
8. 一氧化碳/ 吸入有毒氣體/ 危害物質/ 化生輻核物質
9. 心跳或呼吸驟停/ 死亡
10. 胸痛/ 胸部不適（非創傷）
11. 哽塞
12. 抽搐
13. 糖尿病
14. 遇溺/ 幾乎遇溺/ 跳水/ 潛水事故
15. 觸電/ 雷電擊傷
16. 眼科疾病/ 受傷
17. 高處墮下/ 跌倒
18. 頭痛
19. 心臟問題/ 植入（體內）自動去顫器
20. 受熱/ 受冷
21. 出血/ 傷口出血
22. 無法接近的事故/ 其他被困事故（非車禍）
23. 服毒/ 中毒（口服）
24. 妊娠/ 分娩/ 流產
25. 精神異常/ 行為異常/ 自殺傾向
26. 內科病人（特殊診斷）
27. 刺傷/ 槍傷/ 貫穿性創傷
28. 中風/ 短暫性腦缺血發作
29. 交通/ 運輸工具事故
30. 創傷（特定）
31. 昏迷/ 暈倒
32. 原因不明

(3.5) 救護車短日更

由2016年5月2日起，救護車「短日更」在九龍東區的「黃大仙救護站」和「藍田救護站」試行，為期約半年。

而「短日更」是部門新引入的當值模式，屬員當值時間為星期一至五上午9時30分至下午7時06分（公眾假期除外）。

各人參與救護車「短日更」試行計劃之後，均表示十分歡迎這項新安排。

屬員認為「短日更」能夠使救護車調派較以往更暢順，在提升行動效率方面亦已初見成效。此外，由於在繁忙時間救護車的數目較以往多，既可滿足市民對緊急救護服務的需求，也可以讓同事有充足的時間用膳。

新嘗試的「短日更」讓前線同事在當值安排上更靈活，也能切合現今社會的需求，與時並進，為市民提供更優質的救護服務。

(3.6)「行車影像記錄器」第二階段試驗計劃

消防處推行「行車影像記錄器」第二階段試驗計劃

消防處於2016年4月20日起推行為期6個月的「行車影像記錄器」（「記錄器」）「第二階段試驗計劃」。

消防處參考了由專責小組分析於「第一階段試驗計劃」期間，在6輛消防車輛上安裝「記錄器」的報告，結果均為正面及能達到預期的成效。

消防處除計劃於本財政年度，為部分前線消防車輛安裝「記錄器」外，並展開「第二階段的試驗計劃」。

消防處發言人於2016年4月19日表示，隨着緊急服務的需求不斷增加，香港路面交通日益頻繁，以及交通網絡轉趨複雜，涉及消防處車輛的交通意外數字，在過去數年有上升的趨勢。交通意外對肇事車輛的乘客（包括消防處人員）及其他道路使用者，都可能會造成傷害；而正在執行緊急服務的消防處車輛，亦可能因交通意外而受到阻延，對市民的安全及緊急行動效率，帶來一定影響。

在「第二階段的試驗計劃」中，2部同類型的救護車輛會裝上「記錄器」。「記錄器」共有6個定焦鏡頭，有2個安裝在車身的前方（2個鏡頭包括廣角和望遠雙前鏡頭），而左方、右方、車頂及後方則各有1個。

所有裝有「記錄器」的救護車輛，車身上都會張貼「記錄器標貼」，以便其他道路使用者識別。

發言人說：「『記錄器』的鏡頭可以減少駕駛時的盲點，以提升行車安全。一旦發生交通事故，「記錄器」錄下的影像，有助警方及消防處內部調查交通意外的成因；而消防處亦可因應事故的成因，制訂針對性的駕駛訓練，以提升本處人員的駕駛技巧及應變能力。

至於救護車輛在前赴緊急事故途中，如因其他道路使用者，未有讓路而導致不必要的延誤，錄像片段可提供佐證及協助警方進行調查。」

「記錄器」只會錄取車廂外的影像，並不會攝錄車廂內（例如司機或乘客）的情況。此外，「記錄器」只有錄像功能，不會進行錄音。

系統的控制是當車輛引擎被啟動或關閉時，「記錄器」會自動啟動或關閉。

「記錄器」會同步攝錄6個鏡頭的車外環境，所錄取的影像，會儲存到內置的儲存卡。儲存卡可儲存約5小時影像，當儲存容量達到上限後，循環錄影便會開啟，前期影像會被清除及覆蓋。「記錄器」的儲存卡會被鎖上，只有獲授權人士才能提取或檢閱儲存卡及處理影像資料，並需使用廠方提供的特殊工具才能提取，以防止未經授權人士取閱。

消防處發言人續說：「若裝有『記錄器』的救護車輛涉及交通事故，消防處會提取及保留有關影像資料，用作調查事故原因及分析用途，並在完成上述用途及相關的法律程序後，將資料銷毀。

如消防處認為部分影像片段適合作改進駕駛訓練的用途，會先將片段內涉及的個人資料刪除，然後保留有關影像作內部教學用途。」

「消防處已就試驗計劃，諮詢律政司及個人資料私隱專員公署的意見，並確定試驗計劃並沒有違反相關法例。消防處會設立機制及制訂守則，以確保有關影像資料得以妥善儲存及處理。計劃的資料，將上載本處網頁和本處的內聯網，供市民和本處屬員參閱。」

消防處發言人說：「消防處會在第二階段試驗計劃完成後檢討結果，評估成效以決定下一步計劃。本處會繼續聆聽部門各級人員及市民的意見，以完善試驗計劃的各項安排。」

(4) 人力資源管理：培訓及發展

消防及救護學院

「消防及救護學院」座落於將軍澳百勝角路11號，於2012年動工興建，2015年年底落成。學院佔地約158,000平方米，提供526個訓練宿位，主要為新入職的「消防」和「救護」人員提供初級訓練，並為現職屬員提供持續的在職專業訓練。

學院設有室內外模擬訓練設施，可模擬各種複雜的大型緊急事故，讓消防學員更能掌握滅火和救援技巧。

學院亦為其他政府部門、私營機構、市民和海外同業提供與消防及救護服務相關的訓練課程。

「消防及救護學院」於2016年年初啓用後，可以為消防及救護人員有更多一同操練的機會，藉以提高他們處理緊急事故的協調及應變能力，並確保更有效 運用資源。

消防及救護學院附設「消防及救護教育中心暨博物館」，以推廣消防安全信息及向公眾灌輸急救知識，並展示不同時期的消防、救護和調派及通訊組的制服，以及各類消防裝置、設備和工具。

學院設有多項先進的模擬事故現場訓練設施，為消防處屬員提供涉及鐵路、隧道、船隻、飛機和燃料庫等事故的多元化訓練，以及「高空拯救」、「坍塌搜救」及「室內煙火特性」方面的專業訓練，藉以加強屬員應付大型事故的能力。各類「專業訓練設施」簡略介紹如下：

滅火訓練樓

不同類別的建築物、各類建築物料、間隔及家具用料，為執行滅火和救援行動的消防人員帶來挑戰。

滅火訓練樓是一座先進的室內實火訓練設施，用以提升消防人員處理各類火警的滅火技能。

滅火訓練樓模擬多個室內場景，包括唐樓分間單位（劏房）、酒店、工業樓宇及卡拉OK等處所發生的火警。設施能營造逼真的實火、高溫、聲效及煙霧，使學員能在安全及受控制的模擬實火環境下學習滅火和救援技能。

救援訓練樓

救援訓練樓樓高十層，在不同樓層及外牆設置多種模擬場景，包括商場、舊式住宅樓宇、公共屋邨、工廠及設有玻璃幕牆的商業樓宇，另設置有人被困升降機的模擬場景，讓學員能實習各類樓宇的滅火、救援及傷者處理的策略和技巧。

救援訓練樓的設施亦有助高空拯救專隊進行專項訓練。

室內煙火特性訓練

消防人員經常處理樓宇火警，不時面對室內火警中極為危險的閃燃與回燃現象。煙火特性訓練設施樓高數層，可模擬「通風」、「閃燃」及「回燃」現象，有助加強消防人員在極高溫和煙霧彌漫情況下的應變能力，並讓他們作好準備，以適應在這種環境下工作。

「室內煙火特性訓練室」有三層高，由19個40呎長的貨櫃組成。在訓練室的指定監測點裝有溫度計，用作量度和記錄訓練時的溫度。

地下點火區所產生的熱煙可經管道引導至訓練室的一樓和二樓，用以模擬不同類型的火場情境，讓學員實習不同的搜救和通風策略。

「回燃示範室」長6米，裝有防火隔層和溫度監測系統，用以示範火警進程和極端煙火特性。學員可在安全距離觀察火勢發展的不同階段和極端煙火特性（例如閃燃和回燃現象）的徵兆。

交通事故訓練

香港的鐵路網有多條鐵路線縱橫交錯，並建有地下車站和隧道。學院內的模擬鐵路站和列車隧道可讓消防及救護人員進行大型鐵路事故及列車火警的模擬訓練，藉以演習行動程序、疏散策略、滅火技術及處理大量傷者的方法。

香港不少道路與隧道及高速公路相連。「模擬行車隧道及高速公路」可讓受訓人員進行涉及重型車輛、巴士、私家車或油缸車等嚴重交通事故的模擬訓練。消防及救護人員亦可利用這些設施實習救出被困者的救援技巧，以及穩定車輛及處理大量傷者的方法。

水上事故訓練

船隻火警及急流拯救的模擬設施可為消防人員提供全面的水上事故訓練，以應對在船上執行滅火及救援任務或進行水上救援行動時的挑戰。

船隻火警模擬設施模擬一艘四層高船隻，最低層模仿貨船設計，另外三層則模擬郵輪設計。

模擬船內設有多個實火訓練室，模擬乘客艙、機房、熱油管道等事故場景。

「急流拯救模擬設施」模仿一條露天河道，可製造急流效果，用以提升學員在應對水浸事故時的急流拯救技能和應變能力。

燃料庫及加油站事故訓練

在貯油庫發生的事故可能涉及火警和漏油。

「油庫模擬設施」可模擬油庫發生火警時的情況，藉以加強消防人員在這方面的訓練。石油氣貯存缸模擬設施為學員提供寶貴機會，學習如何正確處理涉及石油氣缸的火警事故。加油及加氣站模擬設施則有助加強涉及大量傷者的滅火及救援行動訓練。

飛機事故訓練

處理飛機事故的滅火及救援方法有別於其他大型事故。

「模擬飛機事故訓練設施」設有不同類型的模擬飛機包括空中巴士A380及波音B767，提供逼真的訓練場地，讓消防、救護與調派及通訊組人員實習有關的行動程序、疏散策略及滅火技術，藉以提升他們處理涉及大量傷者的事故時的應變能力。

模擬危害物質事故訓練

要應付涉及危害物質（例如化學品和放射性物質）的事故，專業知識、技術、工具和訓練不可或缺。

消防處一直積極提升處理危害物質事故的能力，並為此成立「危害物質專隊」。

「模擬危害物質事故訓練區」設有模擬氣體洩漏室、危害物質實驗室、危險品倉庫和氯氣貯存倉，可就處理危害物質事故時的行動策略、各種探測器和防護裝備的使用技巧，以及密封和洗消程序提供有關訓練。

坍塌事故搜救訓練

在發生構築物坍塌、山泥傾瀉或其他重大事故時，「坍塌搜救專隊」負責搜救被困或埋在瓦礫下的受害人。

「坍塌搜救訓練場」模擬樓宇倒塌場景，讓學員可以在惡劣環境下(例如山 泥傾瀉和樓宇倒塌事故)進行搜救行動訓練。場內亦設有一條地下混凝土管道，供學員在安全的模擬實境中進行救援及處理傷者的訓練。

高空拯救訓練

「高空拯救專隊」負責在高空環境執行救援行動，例如纜車、塔式起重機、橋塔、建築地盤棚架及高樓大廈的吊船。「特種救援訓練場」設有不同的高空拯救訓練設施，包括高空拯救訓練塔、模擬塔式起重機及模擬懸吊纜車系統，為學員 提供相關的高空拯救技術訓練。

救護訓練

各類救護訓練設施均集中在一個指定區域內，讓學員可一次過進行整個模擬出勤過程，由收到救護召喚開始，繼而替病人進行評估、施行治理、移交病人，以至最後進行消毒。

「救援訓練樓」模擬商舖、住宅、劏房和工廠的單位，有利救護學員於接近實景的環境下學習評估事發現場潛在的危險、傷病者的受傷或患病過程、傷者分流、以及在惡劣或狹窄環境下如何應用治理程序和運送技巧等。

除了以上的模擬訓練設施，「消防及救護學院」的教學大樓更設有一個「救護訓練專區」，專區內設有「小組研討室」、「模擬救護車廂」、「模擬急症室」、「模擬消毒室」和「實習訓練室」等。

兩間「小組研討室」是以單向玻璃連接，受訓學員在房間內進行實習或接受考核之時，教官能夠透過單向玻璃監察和進行評核，以減低對學員的影響。

「模擬救護車廂」內則有兩輛固定的救護車，車廂的其中一面以單向玻璃連接一間獨立的觀察室，讓教官透過單向玻璃和閉路電視觀察學員的訓練情況；該閉路電視系統設有錄影功能，方便教官和學員於實習後進行檢討和交流。

而在進行綜合訓練之時，學員會先在「模擬救護車廂」內收到召喚，然後帶同從車上卸下的裝備前往「小組研討室」，在模擬場景中按「病人評估模式」治理傷病者。

學員接着會用抬床將傷病者送往「模擬救護車廂」，並在車廂內進一步治理傷病者、穩定其情況、進行介入及檢查，最後將傷病者送往模擬醫院環境的「模擬急症室」，讓救護學員掌握移交病人予醫務人員的程序。

「模擬急症室」是按照醫院急症室的設計，配置相同的急症室裝備，讓學員實習急症室的病人交收程序，學習正確移動病人的姿勢，了解急症室內的抬牀和輪椅的操作。

「模擬消毒室」則能提供一個模擬實際環境予學員練習穿著和卸除保護袍，以及進行清洗消毒工作。此外，實習訓練室有別於一般課室，以梯田式的設計，分為三個不同高度的平台，讓教官可以在一個全方位的觀察點授課，亦讓處於不同位置的學員都能清楚看到教官的示範。

將上述各種救護設施集中於救護訓練專區的優點是可以連貫地模擬處理整個救護召喚：由接報到場直至把病人送院，以及人員完成消毒的程序。

整個模擬出勤程序包括：

- 救護學員先在模擬救護車廂內接到召喚，從救護車上卸下裝備及抬床，然後前往小組研討室進行病人評估及有關治理程序。

- 接著，學員將病人放上抬床，再將病人和抬床送上救護車，然後模擬開車程序。
- 在救護車上，學員會進行必需的病人檢查和相關程序。
- 當救護車模擬到達醫院後，學員便會將病人和抬牀卸下救護車，再移送病人到模擬急症室。

如有需要，學員更會到模擬消毒室進行消毒工作。

消防及救護學院全面提升了基礎訓練 輔助醫療訓練的硬件以配合未來發展。於2016年第一季「消防及救護學院」啟用之後，現時的「馬鞍山救護訓練中心」將改名為「馬鞍山輔助醫療訓練中心」，用作提供輔助醫療訓練之用。

駕駛訓練

駕駛訓練中心設有先進的駕駛訓練模擬設施和指定訓練場地，用作進行緊急駕駛訓練。此外，學院內的道路網絡設計亦模擬香港的道路系統，使學員有更豐富的駕駛經驗。

(5) 消防安全教育及救護信息的宣傳工作

(5.1) 消防安全大使計劃

為了教育市民認識防火安全的事宜，消防處採取了一連串改善防火安全的措施，其中一個重點項目就是推行「消防安全大使」計劃，向來自社會各界的志願參加人士提供基本防火訓練，以便協助消防處在社區傳遞防火信息並提高公眾的消防安全意識。

截至2015年年底，共有149,096名市民受訓成為「消防安全大使」。

訓練課程內容

參加者須要參加為期一天的「消防安全大使」課程，內容包括消防安全講座、滅火筒及消防喉轆的使用方法、參觀消防局和巡視樓宇的消防裝置及設備等。消防安全講座的內容包括：

* 消防安全大使計劃簡介
* 消防處的組織及職責
* 基本燃燒理論
* 一般火警成因及預防措施
* 火警發生時應採取的行動
* 火警危險及舉報火警危險的程序
* 樓宇的消防裝置及設備
* 危險品的基本知識

使命

參加者接受基本訓練後，會獲消防處委任為「消防安全大使」。他們須履行下述公民責任，從而協助消防處：

甲) 向大眾傳遞防火信息；

乙) 提高市民的消防安全意識；

丙) 協助消除火警危險，並向消防處舉報火警危險。

凡年滿12歲或以上的人士均可參加「消防安全大使」計劃。

有興趣參加者，可以個人身份或經所屬團體申請，申請表格可向區內消防局索取，或在「消防安全大使」網頁：www.fsaclub.org.hk內下載，或致電21709630 查詢。

而為了推動「消防安全大使」計劃，消防處自2005年起在全港18區成立「消防安全大使名譽會長會」，共委任378名社區領袖為名譽會長。

(5.2) 樓宇消防安全特使計劃

為增加市民對樓宇消防安全的認識，消防處在2008年8月推出「樓宇消防安全特使計劃」，多年來持續訓練「物業管理人員」、「大廈業主及住客」成為「樓宇消防安全特使」。

目標

為香港大廈居民締造更安全的居住環境

使命

(1) 為大廈業主、住客及物業管理公司職員提供樓宇防火訓練，促使大家齊心關注所屬大廈的消防安全問題；
(2) 加強各區消防局與大廈居民的溝通；
(3) 促進消防處與市民大眾的伙伴合作關係，以建立更安全的社區。

對象

(1) 物業管理公司職員；
(2) 大廈業主立案法團成員；
(3) 大廈業主或住客；
(4) 「三無大廈」業主或住客；
(5) 十八歲或以上人士。

資格

(1) 必須完成樓宇消防安全特使之基礎及進階課程；
(2) 參加者如已是「消防安全大使」，可直接參與進階課程；
(3) 樓宇消防安全特使的委任屬永久性質，如特使如希望註銷其特使身份，可向香港消防處社區關係組作出申請。

特使職能

(1) 確保樓宇內之消防裝置及設備，每12個月由註冊消防裝置承辦商檢查最少一次；

(2) 向消防局或有關當局舉報或轉介「火警危險」及違規事項；

(3) 於居民大會或法團例會上向大廈居民宣傳防火訊息，從而提高他們的防火意識；

(4) 聯絡所屬區域的消防局協助籌辦防火演習、防火講座與及推廣防火宣傳活動等等；

(5) 當火警或緊急事故發生時，協助老弱及行動不便人士逃生。

訓練課程內容

訓練課程，分為四個部分：

第一部分 — 特使計劃及消防處簡介

第二部分 — 基礎課程

第三部分 — 進階課程

第四部分 — 實習課程

基礎課程主要向樓宇消防安全特使灌輸基本消防知識，內容與「消防安全大使課程」相似。而進階課程則比較深入，例如消防條例的講解、消防處有關表格的解說等等。

參加者完成基礎課程後，將會同時獲委任為「消防安全大使」，即使將來他們不再擔任「樓宇消防安全特使」，他們仍然是「消防安全大使」。

如「樓宇消防安全特使」曾接受及完成「消防安全大使」訓練課程，可直接參與進階訓練課程及實習課程。

注意事項

樓宇消防安全特使不得利用其獲委任身份進行任何商業活動，包括推銷防火或滅火用品用具，或舉辦收費防火講座。

截至2015年年底，共有6,028名特使接受相關訓練，當中328人是少數族裔人士。

(5.3)「救心先鋒」計劃

前言

在香港，近年因心臟病而死亡的個案不斷增加，而心臟病患者亦有趨向年青化跡象。根據本港的醫學調查報告顯示，在院前因非創傷性而引致心搏停止的心臟病患者，存活率約為1.25%，這數字遠比先進的國家為低。有鑑於盡早施行「心肺復甦法」及「心臟去顫法」能有效提升病人的存活率，消防處自2007年8月開始推行「救心先鋒」計劃，希望藉此提高市民對心臟病的認識，並鼓勵市民於院前為心搏停止的病人進行心肺復甦法及心臟去顫法。

計劃一直廣受市民支持，截至2015年年底，共有7,785名合資格人士獲委任為「救心先鋒」。

使命

獲消防處委任為「救心先鋒」的人仕，他們須履行下述的責任：

- 提高市民對心臟病的認識
- 為院前因非創傷性而引致心搏停止的病人進行「心肺復甦法」及「心臟去顫法」
- 推動公眾人仕使用簡易心臟去顫器 (Public Access Defibrillator)

任命

經委任為「救心先鋒」的人仕，會獲發委任證書及委任證。

「救心先鋒」的任命是終身有效的，除非因特殊情況而被取消資格，例如使用簡易心臟去顫器的資格失效，行為不檢，以致有損公眾利益或消防處聲譽；或藉著「救心先鋒」的名義進行商業活動。

參加資格

任何曾經接受過簡易心臟去顫器訓練並持有有效使用簡易心臟去顫器資格的本港居民。

(6) 融入社區

(6.1) 消防處公眾聯絡小組

1. 引言

1.1 香港消防處致力為市民提供快捷有效的消防、救援及緊急救護服務。

1.2 為了進一步改善服務，以及更迎合市民大眾的需要，消防處成立了公眾聯絡小組，以促進消防處與市民的了解。

1.3 消防處公眾聯絡小組不會討論任何政策問題。

2. 職能

2.1 就消防處提供的消防及緊急救護服務與消防處交換意見；

2.2 監察消防及緊急救護服務能否達到服務指標；以及

2.3 提出改善服務質素的建議及意見。

3. 小組地位

3.1 消防處公眾聯絡小組不是法定組織，而是消防處與市民溝通的渠道。

4. 小組的成員組合

4.1 消防處公眾聯絡小組的成員包括主席、秘書及30位市民。主席及秘書均由消防處處長委任，主席為助理處長（總部）。

4.2 小組的30位成員是從市民中按地域分佈選出，他們必須年滿18歲。
消防處從港島（包括離島）、九龍及新界區，各選出10名居民為成員。

4.3 行政會議議員、立法會議員、區議會議員、法定組織成員，以及消防處職員及家屬均不能成為小組成員。

4.4 消防處公眾聯絡小組成員是代表公眾的整體利益，而非各成員本身所屬團體的利益。

5. 任期

5.1 小組成員的任期為1年，由每年4月開始。

如有成員在任期屆滿前辭去職務，消防處可從後備名單中委任1人接替，完成辭職者餘下的任期。

5.2 如果成員的出席記錄良好，消防處處長會考慮延長其任期多1年，但任期不可超過連續2年。

6. 甄選成員

6.1 小組由現任和新委任的成員組成。

留給在任成員的席位不得超過15個，即是每個地區不超過5個。

6.2 在任成員於第1年任期屆滿時，如獲消防處處長邀請可申請續任多1年。

6.3 餘下的席位則由新委任的成員填補。

如申請人數超過懸空席位的數目，便會用抽籤方式選出成員。

7. 會議

7.1 小組每年最少舉行會議3次。會議通常會於星期一至五任何一天的晚上，在九龍尖沙咀東部康莊道1號消防處總部大廈舉行。

7.2 會上討論的事項及跟進工作會予以記錄，並送交各成員省覽。

7.3 主席可在有需要時邀請其他政府部門或私人機構的任何人員出席會議。

8. 報酬

8.1 服務屬義務性質，小組成員提供服務及出席會議均沒有任何形式報酬。

9. 申請程序

9.1 每年年初，消防處會於各大報章刊登通告，招募新一屆的成員。有興趣的市民可於各區消防局、救護站、民政事務處索取或從消防處網頁（網址：www.hkfsd.gov.hk）下載申請表格，填妥後郵寄或傳真至消防處總部。此外，市民亦可在星期一至五早上九時至下午五時致電2733 7862查詢，進一步了解小組的有關資料。

(6.2) 消防處義工隊

成立

消防處義工隊成立於2002年，成員來自消防處的不同單位，包括在職/退休的軍裝消防和救護人員及文職同事。

直至2015年5月，消防處義工隊註冊成員人數超過1,100人。

在過去數年，消防處義工隊積極參與社區、各志願團體及組職所舉辦的慈善活動，至2014年，總服務時數已經超過130,000小時。

消防處義工隊經社會福利署「義工運動督導委員會」秘書處登記為義工團體，登記號碼為G51，並於2006年4月正式經警察牌照課註冊為合法社團，更在2006年10月5日正式成為根據《税務條例》第88條獲豁免繳税的慈善機構。

宗旨

消防處義工隊所有隊員利用公餘時間，主動參與公益活動，幫助有需要的香港市民。

我們的宗旨如下：

(1) 發揮消防處團隊精神，鼓勵消防處現職或退休人員參與具慈善性質社區義務工作。

(2) 救助長者及傷殘人士。

(3) 協助經濟有困難的香港市民在火災或其他事故後重建家園。

我們的服務：社區服務

消防處義工隊所提的供服務範圍包括：

- 為獨居長者粉飾家居
- 探訪弱勢社羣，給予關懷和照顧所需
- 為有需要人士提供家居搬運服務
- 參與社區慈善活動，協助佈置場地、維持秩序和派發物資

- 協助專業社工提供外展服務
- 參與一般地區服務如協助舉辦慈善嘉年華，設置遊戲攤位等

火後服務

消防處義工隊為了擴大幫助弱勢社群的層面和提供更全面的服務，已經於2006年9月開始提供了「火後服務」，為經濟有困難的家庭，在不幸地遇上火警或意外事故後重建家園，令他們在困境中亦能得到照顧和關懷。

消防處義工隊所提供的是基本的家居維修服務，包括清理災後現場、恢復單位的水電供應，修補牆身、天花和地板及在有需要的情況下為受助者重置簡單的家具。

本服務提供的所有配置均以能夠應付受助者的基本日常起居生活為標準。義工隊執委亦會按受助者的個別需要，在不影響單位結構的原則下，考慮為單位進行各項維修和重置。

本計劃由開展至今，受助對象及服務範圍已擴大至第2階段，各有關細節詳述如下：

火後服務 第一階段服務

對象為居於公共屋邨而經濟有困難的人士，包括單親人士、領取綜援人士、長者及殘障人士等。

凡符合計劃所訂條件的香港市民，如家園不幸發生火警或其他意外事故，均可向消防處義工隊提出申請。經審核後，本處義工隊便會聯同房屋署職員到訪，與獲批核的申請者擬定工作細節。

消防處義工隊已經與房屋署就計劃的執行內容達成共識，房屋署會負責初期的聯繫和核實身份的工作，並負責恢復單位的基本設施如水電供應等。

消防處義工隊則會按住戶的要求，在不影響單位結構和既定基本配置的原則下，為單位進行各項維修和重建項目。

火後服務 第二階段服務

為了讓更多有需要的市民受惠，第二階段的「火後服務」是把受助對象擴展至破舊私人樓宇的自住長者業主，有關受助的資格詳列如下：

(1) 申請人及所申報的所有家庭成員均需為香港永久居民；及

(2) 申請人及所申報的所有家庭成員均年滿60歲或以上（特殊個案如家庭成員未滿60歲亦會獲酌情處理）；及

(3) 申請人及所申報的所有家庭成員已擁有和居於有關物業達一年或以上；及

(4) 有關物業必須位於沒有設置升降機的樓宇；及

(5) 經濟條件有限，未能負擔火災或其他事故後的家居維修費用；及

(6) 缺乏親屬照顧；或

(7) 未能符合以上條件者亦可提出申請，本隊執委將按個別情況考慮。

申請資格

香港消防處的在職/退休的軍裝消防和救護人員及文職同事。

(6.3) 香港消防處流動應用程式

香港消防處2014年5月15日推出「消防處流動應用程式(FSD App)」，市民只要透過智能電話或平板電腦，便可下載有關程式，隨時隨地獲取消防處最新資訊。

消防處流動應用程式提供的資訊主要包括：

（一）最新消息及活動

（二）職位空缺

（三）消防局或救護站位置

（四）AR互動教育坊

（五）遊戲下載

「**最新消息及活動**」：包括消防處網頁上的最新消息、刊物及活動資訊。

「**職位空缺**」：包括消防處正招聘的職位空缺、入職條件、職責、聘用條款、申請手續及截止申請日期等。

「**AR互動教育坊**」及「**遊戲下載**」旨在提升市民的防火安全及救護知識。

「AR互動教育坊」：是以擴增實境（Augmented Reality，簡稱 AR）技術製作，市民只要利用智能電話或平板電腦上的攝影機掃描「AR互動教育坊」專用海報的圖片（海報已上載消防處網頁www.hkfsd.gov.hk/chi/mobileapps.html），智能電話或平板電腦螢幕上便會出現相若或相關情景的動畫讓市民進行簡單又富趣味性的互動遊戲，輕鬆愉快地學習消防及救護知識。由於教育坊利用動畫配合互動遊戲，因此並不受文字限制，讓不同人士都能輕易學習及掌握不同的消防及救護知識。

「遊戲下載」設有名為《居安思危》及《臨危不亂》的兩個電子遊戲。

《居安思危》以建立一座安全大廈為目標，要求遊戲參加者化身大廈管理人員，負責消除於大廈內的各種火警隱患及協助救護員執行職務等。為增添遊戲的趣味性，積分越高，大廈樓層數目亦會相應增加，令遊戲參加者所管理的大廈更為複雜及更具挑戰性。

《臨危不亂》為一系列分階段推出的快速決策「迷你」遊戲，每個遊戲均包含防火或救護的相關信息，讓市民在遊戲過程中，不斷增進消防及救護知識。為鼓勵市民多學習不同的消防及救護知識，消防處會向首3,000名分別完成《臨危不亂》「迷你」遊戲第10關及第30關的市民派發精美紀念品。

為了讓消防安全及救護知識能夠深入各階層及不同年齡的市民，處方在流動程式中特別加入3款活潑可愛的卡通人物，名為樂樂、安安及康康，分別代表消防處的3大工作範疇，即控制中心、消防及救護工作，讓消防安全及救護信息的宣傳教育加添趣味性。

(7) 消防及救護車輛 / 消防船隻

(7.1) 消防車輛

梯台車（53米）	梯台車（42米）	呼吸器供應車
大型泡車	重型泡車	起重運輸車
膳食供應車	潛水裝備供應車	前線指揮車
第一截擊車	消防電單車	泡車
重型泡炮	喉泡車	喉車勾車
油壓升降台	危害物質處理車	無積升降台
輕型消防車	輕型泵車：泵車類型	輕型泵車：救援車類型
細搶救車	後勤支援車	照明車
流動指揮車	迷你消防車	小型消防車
泵車	流動滅火支援車	小型載客車
小型搶救車	大搶救車	小型搶救車
小型客貨車	拯救車	後備重型泵車
快速截擊車	路軌組件拖架	快艇拖架
司落高	37米旋轉台鋼梯車	39米旋轉台鋼梯車
52米旋轉台鋼梯車	55米旋轉台鋼梯車	坍塌搜救車

(7.2) 救護車輛

救護車	救護吉普車	輕型救護車
轉院救護車	輔助醫療裝備車	急救醫療電單車
流動傷者治療車	快速應變急救車	鄉村救護車

(7.3) 消防船隻

滅火輪	潛水支援船	潛水支援快艇
指揮船	快艇	

(8) 火警分級制度 / 火警類型 / 火警成因 / 特別服務統計（救護車個案）

(8.1) 火警分級制度

一級火警

當消防處接到一般商住大廈的火警警報後，會先當作是「一級火警」處理。

由最接近火警現場的消防局，派出：

- 1輛泵車
- 1輛旋轉台鋼梯車（或梯台車）
- 1輛油壓升降台
- 1輛細搶救車（或大搶救車）
- 1輛救護車

以上是俗稱的「四紅一白」，及聯同大約20名消防員前往火警現場。

而現場的指揮人員為「消防隊長」或「高級消防隊長」。

二級火警

如果發生火警的現場潛在特別風險，例如醫院、老人院、鐵路車站、機場、酒店、油站、危險品倉庫、發電站等，或遠離水源的地方;

消防處則會即時列作「二級火警」處理。

通常會出動：

5至15輛消防車（視乎風險性質而定）、消防員可能增至50人。

而現場的指揮人員為「高級消防隊長」或「助理消防區長」。

三級火警

當消防隊到達現場後，消防現場指揮官視察情況後。認為首批到場消防員以及資源未能有效地控制火勢，需要把火警升級至「三級火警」。

消防局會增派消防車及消防員到場，通常會出動：

15至20輛消防車（當中包括兩輛油壓升降台，三輛泵車、兩輛小型搶救車/大型搶救車、兩輛旋轉台鋼梯車/ 梯台車、以及流動指揮車、煙帽車、照明燈車、喉車，同時會出動特別拯救連(亦即拯救車及大型搶救車）、可能超逾100名消防員。

而現場的指揮人員為「高級消防區長」或「消防區長」。

四級火警

如升為三級火警後，火警現場的形勢變得更為惡劣時，指揮官認為當時人手及資源未能有效地控制火警及救援，便可能需要把火警升至「四級火警」。

此時消防處也會作出協調，調配更多人手，通常派出20至35輛消防車、100至150名消防員。

而現場的指揮人員為「副消防總長」或「消防總長」。

五級火警

當四級火警現場指揮官認為人手及資源不能有效控制火勢及救援。便需要把火警升至「五級火警」。

消防處會協調全港消防局，調配更多人手到場，通常最少會有：

35輛消防車

150名消防員

有需要時，民政事務總署更會統籌各香港政府部門，包括政府飛行服務隊、醫療輔助隊、社會福利署等等，以配合作出支援。

而現場的指揮人員為「消防處長」或「副處長」。

災難級警示

如果發生牽連廣泛的嚴重事故或一連串同時發生之災害事件，有跡象顯示需要長時間耗用消防處的所有資源。

「災難級警示」只可由消防處處長指示之下或由區長級或以上之官員向處長要求後方可發出。

（注意：「災難級警示」可以是火警或非火警的事故。）

(8.2) 火警類型

商用樓宇	住宅樓宇	工廠大廈
社團樓宇	公眾地方	屋邨
寮屋	車輛	電火
山火	船火	警鐘誤鳴
虛報火警	其他	

(8.3) 火警成因

不小心處理或棄置煙蒂、火柴和蠟燭等

不小心棄置香燭、冥鏹等

焊接及利用乙炔切割時濺出火花

引擎、馬達、機器過熱	煮食爐火無人看顧，導致燒焦食物
兒童玩火	蓄意放火
電力故障	虛報火警
警鐘誤鳴	起因不明
其他	

(8.4) 特別服務類型

上吊	高處墮下	墮海、塘、池
水浸	企圖跳樓	機器夾着
被困電梯	交通意外有人被困	有人被鎖屋內，生命有危險
高空拯救	易燃液體 / 氣體洩漏	其他

(9) 條例及規例

香港法例第95章《消防條例》及附屬法
香港法例第295章《危險品條例》及附屬法例
香港法例第464章《木料倉條例》及附屬法例
香港法例第502章《消防安全(商業處所)條例》
香港法例第572章《消防安全(建築物)條例》
香港法例第573章《卡拉OK場所條例》及附屬法例
2003年消防（修訂）條例及消防（消除火警危險）規例簡介

(9.1) 香港法例第 95 章《消防條例》第 7 條 消防處的職責及香港法例 第 95 章《消防條例》附表 1 ：違紀行為

香港法例 第95章《消防條例》第7條 消防處的職責〔俗稱7小福〕：

消防處的職責 (具追溯力的適應化修訂 —— 見 1999 年第 76 號第 3 條)

消防處的職責為 ——

(a) 滅火；(由 1981年第 55號第 3條代替)

(b) 在火警或其他災難發生時保護人命及財產；(由 1981年第 55號第 3條代替)

(c) 按情況所需就防火措施及火警危險提供意見；(由 1981年第 55號第 3條代替)

(d) 用以下方法協助任何看似需要迅速或立即接受醫療護理的人 ——

(i) 確保該人的安全；

(ii) 令該人復甦或維持其生命；

(iii) 減少其痛苦或困擾；

(e) 提供以下服務——

(i) 運送 (d) 段所提述的人往醫院或可向該人提供 醫療護理的其他地方；及

(ii) 與適當主管當局合作，將任何人從醫院或診療 所運送往返任何地方，以及照顧和照料如此被運送的人；

(f) 執行法律所委予或行政長官所指示的其他職責；及 (由 1999年第 76號第 3條修訂)

(g) 辦理為有效執行本條指明或根據 (f) 段委予的職責而 必需辦理或適宜辦理的任何事情。(由 1975年第 29號第 5條代替)

香港法例 第95章《消防條例》附表1違紀行為〔俗稱13咗〕：

香港法例第95章 《消防條例》 第12條 有關違紀行為的一般規定

附表1

違紀行為附註: (具追溯力的適應化修訂——見1999年第76號第3條)

任何成員有以下行為，即犯違紀行為——

(1)執行職責時怯懦；

(2)無好的和充分的因由而沒有執行任何合法的書面或口頭命令；

(3)對成員不服從，而他是有責任遵從此等成員的命令的；

(4)(a)因疏忽或無好的和充分的因由而沒有迅速和努力辦理他有責任辦理的任何事情；

(b)在執行職責時因不小心或疏忽而引致任何人遭受損失或傷害，或引致任何財產遭遺失或損毀；

(5)明知而以口頭或書面方式作出與他的職責有關連的虛假、具誤導性或不確的陳述；

(6)意圖欺騙而將任何官方紀錄、文件或簿冊毀滅，或將其內的任何記項更改或刪除；

(7)無適當權限而——

(a)洩露任何他有責任保密的事宜；

(b)直接或間接向報界或任何其他人傳達任何他在執行公務時獲悉的事宜；

(c)公布或公開宣告任何有關消防處的事宜；(由1961年第42號第2條修訂)

(8)(a)索取或收受任何未經許可而與他作為成員的職責有關連的費用、酬金或其他代價；

(b)沒有就他負責的金錢或財產作出交代或迅速擬備真實的申報表，不論該等金錢或財產是與他作為成員的職責有關連，或是與消防處或消防處職員的任何基金有關；(由1961年第42號第2條修訂)

(c)不適當地利用他的成員職位；

(9)無適當權限或合理辯解而——

(a)擅離職守或不到任何會操地點；

(b)於當值或會操時遲到；

(10)(a)故意或因疏忽而損毀或遺失他獲提供或交託的服裝或設備或任何工具、配備或裝備，或沒有適當處理該等物品；

(b)忽略就他獲提供或交託的服裝或設備或任何工具、配備或裝備的損毀或遺失作出報告；

(11)在當值或奉召當值時因醉酒或服用非經醫生指示的藥物以致不適宜當值；(由1975年第29號第21條修訂)

(12)在當值或休班時行為不檢或有損紀律，或他的行為相當可能會損及消防處或公職服務的聲譽；(由1961年第42號第2條修訂)

(13)作出因違反政府規例或其他規定而構成公職人員行為不當的行為。(由1999年第76號第3條修訂)

(10) 危險品 / 滅火筒之用途

(10.1) 危險品

香港法例第295章《危險品條例》第3條訂明以下為「危險品」：

「所有爆炸品、壓縮氣體、石油及其他發出易著火蒸氣的物質、發出有毒氣體或蒸發的物質、腐蝕性物質、與水或空氣相互影響時會變為危險的物質、可自燃或隨時可能燃燒的物質。」

《危險品條例》第6條訂明

「除根據並按照本條例批給的牌照外，任何人不得製造、貯存、運送或使用任何危險品。」

(一) 上文意指除第1類危險品(即爆炸品及爆破劑)之製造或貯存須由礦務處處長規定外，其他類別危險品之使用或貯存若超過它本身法律訂的豁免量，這些危險品的貯存地點須經消防處處長批准及發給牌照。

(二) 運送－運送超過豁免量的第2類或第5類危險品之所有車輛須有消防處處長發給之牌照。

(三) 容器、容量及標簽－

條例所列有關認可之容器、容量及標簽之規定，須特別加以注意。

標簽的樣本附列於本通告後頁。

除第2類危險品外，其他內包裝的標簽如果能夠以中英文標記清楚顯示危險品的性質，則此段不得解釋作須代以或加上本通告後頁所訂明的任何標籤。

(四) 移走及檢取－消防處主任級人員可將違犯《危險品條例》及其附屬規例規定而正在製造、貯存、運送或使用中之危險品遷移至符合條例規定之地點，並由物主支付搬移之費用。此外，消防處主任級人員亦可將該等危險品沒收及遷移。

(五) 目錄－香港法例第295A章《危險品(適用及豁免)規例》所表列之危險品均按英文字母之先後次序列於此冊子之危險品名冊中。但由於第1類危險品(即爆炸品及爆破劑)屬礦務處處長所管轄，所以並不列入此目錄內。

(六) 類別－

香港法例第295A章《危險品(適用及豁免)規例》將危險品分為以下類別：

第1類： 爆炸品及爆破劑 (屬礦務處所管轄)

第2類：* 壓縮氣體　第1分類 - 永久氣體
第2分類 - 液化氣體
第3分類 - 溶解氣體

第3類： 腐蝕性物質

第4類： 有毒物質　第1分類 - 發出有毒氣體或蒸氣的物質
第2分類 - 某些其他有毒物質

第5類：* 發出易著火蒸氣的物質　第1分類 - 引火點低於 23度的物質
第1部 - 不與水溶混的物質
第2部 - 可與水溶混的物質
第2分類 - 引火點為23度或高於23度但不高於 66度的物質
第1部 - 不與水溶混的物質
第2部 - 可與水溶混的物質
第3分類 - 引火點為66oC或高於66度的物質（只適用柴油及燃油）

第6類： 與水相互影響會變為危險的物質

第7類： 強力助燃劑

第8類： 隨時可能燃燒的物質

第9類： 可自燃的物質

第9A類： 可能燃燒物品

第10類： 其他危險物質

* 第2類及第5類危險品有附加條款(即概括性條文)指出任何其他未列出而具有類似性質的物質亦包括在內。

(七) 第5類危險品 - 可飲用酒精－

「可飲用酒精」指可與水溶混、按量計含超過35%乙醇而引火點為23度或高於23度但不高於66度的任何酒精，但《應課稅品條例》(第109章)第53 條所界定的變性酒精除外。

可飲用酒精的豁免量如下：-

(1) 運送方面：不超過12,500升可飲用酒精。

(2) 貯存方面：

(甲) 在全面受到自動灑水裝置保護的處所內和分別以容量不超過5升的容器包裝，總共只可貯存或使用不超過12,500升可飲用酒精。

(乙) 在未全面受到自動灑水裝置保護的處所內和分別以容量不超過5升的容器包裝，總共只可貯存或使用不超過6,250 升可飲用酒精。

(丙) 若以容量超過5升的容器包裝，在任何處所內總共只可貯存或使用不超過2,500升可飲用酒精。

- 氯酸溶液，按重量濃度超過10% 。
- 硝酸肼
- 高氯酸肼
- 氰化氫，不穩定的
- 過氧化氫溶液，按重量濃度超過60%
- 爆竹煙花製品(第1類第7分類第2部危險品)，遇撞擊即爆炸的
- 有機高氯酸鹽
- 高氯酸溶液，按重量濃度超過 72%
- 氯乙烯單體

(10.2) 滅火筒之用途

(1) 二氧化碳滅火筒

適用於：撲滅在燃燒中之任何電氣設備、易燃液體、精細儀器、重要文件或在密閉地方發生之火警。

注意：二氧化碳可以令人窒息，故用畢滅火筒後，應走往空曠地方。

(2) 水劑滅火筒

適用於：灌救燃燒中之木料、膠料，棉織品及紙張等。

切勿：用以灌救燃燒中之電氣設備、易燃液體或金屬品。

(3) 乾粉滅火筒

適用於：撲滅大多數火警，例如電火、燃燒中之易燃液體、金屬品或電氣設備。

注意：噴出的乾粉會減低能見度，令人難以辨別方向。

(4) 淨劑滅火筒

適用於：撲滅在燃燒中之電氣設備（電火）、易燃液體、電子儀器及重要文件等。

注意：使用滅火筒後，應走往空曠地方。

(5) 泡沫式滅火筒

適用於：撲滅在燃燒中之易燃液體。

切勿：用以撲滅燃燒中之電氣設備（電火）。

消防處成立「社區應急準備課」

為了加強市民應急準備之意識，消防處於2018年10月2日成立「社區應急準備課 Community Emergency Preparedness Division(CEPD)」，編制包括消防職系、救護職系和政府新聞處人員，結合了過去分別隸屬於 「救護總區總部」和「消防安全總區支援課」的”社區關係組”及今年增聘的54人，合共60人。

新成立的「社區應急準備課」隸屬於”消防安全總區”，由一名高級消防區長帶領，地址設於香港新界馬鞍山鞍山里1號消防處馬鞍山辦公大樓，「社區應急準備課」的職責如下:

- 制訂、檢討及更新部門的公眾教育政策，以及監督所有與社區應急準備計劃相關的項目和課程。
- 制訂並推行一個整體連貫及持續進行的公眾教育計劃，內容包括社區健康事宜、心肺復甦法的重要和除顫器的使用方法，以及慎用救護服務。
- 與跨部門反恐專責組合作，以優化緊急應變計劃，並加強市民的警覺性和有關緊急事故應變準備的教育。
- 為制訂緊急救援、大型洗消工作和大型疏散等的政府反恐策略，提供專業意見。
- 就反恐工作聯絡不同部門，確保恐怖襲擊期間在提供緊急服務方面有更佳的協調。
- 與大型管理機構、大型基建的主要持份者、大型活動的主辦單位及其他相關政府部門等建立聯繫網絡，以便按社區應急準備計劃推廣有關防火、滅火、危險品／危害物質、社區急救及逃生策略等的知識。
- 監督資料發放機制，確保向公眾所發放有關社區應急準備計劃的資訊（包括通過社交媒體平台發放的信息）準確無誤。
- 與地區防火委員會和區議會保持聯絡，並在有需要時出席相關會議，提供有關防火和公眾教育的意見。
- 負責消防安全大使計劃、樓宇消防安全特使計劃及「救心先鋒」計劃的所有政策事宜，以及統籌部門所舉辦的消防安全大使活動。

而「社區應急準備課」，為消防及救護服務的公眾教育注入新元素，透過教育和推廣活動，從而提高市民的應急準備意識以及在面對危難或突發事故時的應變能力。

該課正著手制訂「社區應急準備策略」，透過不同平台接觸各年齡層，推廣面對災害應變、恐襲應變、消防安全、社區生命支援，未來會為市民舉辦各類訓練課程以及認識使用心臟除顫法（AED）等。

此外，「社區應急準備課」亦將以紅、黃、綠三種顏色做代表嘅「識滅火」，「識自救」和「識逃生」，取名「應急三識」。當中包括:

- 教授正確使用和保養消防裝置及設備，在火警發生初期如能把火勢控制甚至撲滅；
- 教授市民正確的救傷知識，在本港或外地遇到危難或大型事故時，向其他傷病者施以援手；
- 教授在面對火警或其他突發危急事故時，如何找尋安全逃生路線和適當的避難地點。

消防處於2018年11月5日正式推出官方Facebook專頁，發放應急準備信息和教育資訊，包括應對自然災害和大型事故的準備措施、防火信息、自救和施救技巧、介紹消防處各專隊、車輛和工具。
未來會設立推出instagram專頁。網上社交平台會傳遞應急準備信息和教育資訊，遇有大型事故，亦會為市民發放最新的消息。

另外，於2019年第二季，會推出「旅遊手冊」，教導「離港」及「訪港」旅客應對各種事故的方法。

- 為「離港」旅客而設的手冊會設置網上版，內容會提醒旅客遇到小意外、恐襲、天然災害等事故的應變策略；
- 為「訪港」旅客而設的手冊則會推出實體版，料在各個關口、酒店可以索取，會提供颱風、行山時遇到事故的救援資訊。

消防處推行「調派後指引」的最新情況

調派後指引

消防處負責提供滅火、救援和緊急救護服務，所設的消防通訊中心（「通訊中心」）全日24小時均有人員當值，負責調派所有滅火和救護資源，為市民提供適時的消防和救護服務。關於緊急救護服務召喚方面，消防處在 2018 年共處理 748 777 宗這類服務召喚。

傳統上，通訊中心操作員在處理緊急救護服務召喚時，主要專注於如何迅速調派救護車或相關資源，以解決召喚者的需要。

為提升緊急救護服務，消防處逐步實行由通訊中心操作員向緊急救護服務召喚者提供簡單的調派後指引，處理六種常見傷病情況 — 分別是:

1. 傷口流血
2. 燒傷
3. 手腳骨折/ 脱臼
4. 抽搐
5. 中暑
6. 低溫症

為向緊急救護服務召喚者提供簡單的調派後指引，通訊中心操作員都接受了有關為召喚者提供指引的訓練。

鑑於簡單調派後指引服務推出後反應理想，並參考優化緊急救護服務的國際趨勢，消防處開發並推出了新的電腦系統，協助通訊中心操作員於調派救護車後，就傷病者身體創傷、不省人事、心搏停止等32種傷病情況（傷病種類一覽見附錄），即時向召喚者提供全面而適切的調派後指引。

該電腦系統所採用的發問指引由「國際緊急調派研究院(註1)」編製，獲廣泛採用。現時，逾40個國家/ 地區（包括內地多個城市、美國、加拿大、英國、法國、意大利、德國、澳洲、新西蘭、馬來西亞等）約3 000 間緊急服務調派中心已採用類似的電腦系統及相關發問指引。

註(1):國際緊急調派研究院(InternationalAcademiesofEmergencyDispatch)是一間訂定緊急調派服務標準的非牟利機構，致力在全球提倡安全和有效的緊急調派服務。

該會作為訂定標準機構的地位，獲美國心臟協會(American Heart Association)、美國急症醫學院(American College of Emergency Physicians)及美國醫學會(American Medical Association)等專業機構承認。

為確保救援工作不會延誤，在電腦系統的輔助下，調派救護車和提供調派後指引的工作由兩位不同的操作員處理，一位擔任「接線員」，另一位則擔任「調派員」。

當接線員確認事故地點和召喚性質後，會隨即調派救護車前往現場，並會繼續與緊急救護服務召喚者通話，按上述發問指引提出一系列預設問題，以確定傷病者的情況，並為傷病者提供適切的調派後指引。

與此同時，調派員會持續監察調派資源的情況並作出即時跟進，包括視乎傷病者的情況決定是否需要額外調派救護車輛到場增援。

為確保調派後指引服務的質素，通訊中心操作員須接受專門的培訓，並持有有效的緊急醫療調派員證書， 方可向市民提供調派後指引。

此資歷須每兩年檢定一次。現時，通訊中心全部(約250名)操作員均已接受相關訓練，並考獲證書。消防處亦會為新聘的通訊中心操作員提供緊急醫療調派訓練。

為了提供優質的調派後指引服務，消防處於2018年8月成立「質素改善組」，負責檢定通訊中心因應緊急救護服務召喚所提供的調派後指引的服務質素。相關的檢定工作每天進行，確保通訊中心操作員嚴格遵從發問指引（見上文）。

此外，「質素改善組」進行檢定工作時會研究召喚者的情緒，以評估調派後指引服務在緩解傷病者和召喚者不安情緒方面的成效。根據質素檢定結果，該組會不時聯同消防處醫務總監檢討發問指引，並會總結為召喚提供調派後指引的經驗，與通訊中心操作員分享應對召喚的良好做法，以及提出建議，對發問指引作出適當修訂，以配合本地文化和語言環境的需要。

推行情況和取得的成效

調派後指引內容簡單，易於執行。相對於沒有獲提供調派後指引的個案，獲提供調派後指引的召喚者，可以在救護人員到場前，及時得到適當的急救指引，協助穩定傷病者的情況，使之不至惡化，從而提高傷病者的存活機會。特別是在危急情況下，能即時獲得指引尤為重要。調派後指引亦有助減低救護人員到場前，召喚者在不知情的情況下不當處理傷病者的風險，以及紓緩傷病者和召喚者的憂慮和不安。

消防處在2018年10月4日全面推出優化的調派後指引服務。2018年10月4日至2018年12月31日期間，消防處就超過133600宗緊急救護服務召喚提供調派後指引，佔這段期間緊急救護服務召喚總數的83.8%。

在獲提供調派後指引的個案中，5種最常見的傷病者情況分別為:

1. 「內科病人（腹瀉、暈眩等一般疾病）」
2. 「高處墮下/ 跌倒」
3. 「呼吸問題」
4. 「胸痛/ 胸部不適」
5. 「出血/ 傷口出血」

這類召 喚個案佔獲提供調派後指引的緊急救護服務召喚個案總數的70.8%。

至於餘下獲提供調派後指引的個案之中，有大約2000宗的傷病者處於可能有生命危險的情況，包括:
「心跳或呼吸驟停/ 死亡」、「哽塞」及「妊娠/ 分娩/ 流產」。

因各種傷病情況而獲提供調派後指引的緊急救護服務召喚統計數字如下：

傷病者情況	獲提供調派後指引的緊急救護服務召喚宗數 (%)
內科病人（腹瀉、暈眩等一般疾病）	47 660 (35.7%)
高處墮下/ 跌倒	16 154 (12.1%)
呼吸問題	15 817 (11.8%)
胸痛/ 胸部不適	8 248 (6.2%)
出血/ 傷口出血	6 759 (5.0%)
其他	38 994 (29.2%)
總數	133 632 (100%)

緊急救護服務召喚者當中，逾八成願意接受調派後指引服務。此情況固然令人鼓舞，但就那些沒有獲提供調派後指引的個案，消防處亦對箇中原因進行了研究。某些緊急救護服務召喚個案中，召喚者可能是「第三方」或「第四方」召喚者。

由於他們並非身處事故現場，故無法跟從調派後指引直接協助傷病者。在另外一些個案中，則由於傷病者已獲協助，因此不再需要給予調派後指引。也有一些召喚者可能沒有信心依照指引協助傷病者，這種情況在他們感到驚恐或不安時尤甚。

召喚者有信心提供協助，並願意跟從通訊中心操作員的指示，調派後指引方能發揮最大效用。

通訊中心調派員訓練有素，充分掌握召喚者管理和通話技巧，能安撫緊急救護服務召喚者的情緒，以及鼓 勵他們照顧傷病者。

例如，面對較激動的召喚者時，中心操作員會表現出同理心，在整個通話過程中，態度保持堅定而友善，讓召喚者感覺操作員可信。

當緊急救護服務召喚者的情緒平伏後，他們便能依照通訊中心操作員按步提供的調派後指引，有效地協助穩定傷病者的情況註(2)。

註(2): 事實上，不時有個案證明在生死攸關的時刻，調派後指引非常有用。

以2018年10月一宗個案為例，通訊中心操作員向一名男性召喚者及其妻子提供有關分娩的調派後指引，當時該名妻子快要分娩，由於始料不及，情況頗為混亂，其間通訊中心操作員逐步提供專業指示，除讓夫婦二人慢慢鎮定下來外，又指導該名男性召喚者在救護人員到場前妥善照顧妻兒。

在另一宗發生於2018年11月的個案中，通訊中心操作員提供有關心肺復甦法的調派後指引，救助一名突然心跳及呼吸驟停的成年男士。通訊中心操作員向該名沒有急救知識的召喚者提供指引，指導她在救護人員到場前為患者施行心肺復甦法，為時五分鐘。救護人員到場後，以救護車將患者送院，其間使用自動心臟除顫器電擊患者，最終使其心跳恢復正常。

未來路向

調派後指引電腦系統在2018年10月開始全面運作，從五個月來的情況所見，成效令人鼓舞，愈來愈多緊急救護服務召喚者願意聽從通訊中心操作員提供的調派後指引而行。

2018年10月，消防處推出以「跟隨指引做，敢就救到人」為題的新政府電視宣傳短片及電台宣傳聲帶，宣傳優化的調派後指引服　務。今後，消防處會加強宣傳力度，向市民推介這項服務。

為配合全面推行優化了的調派後指引服務，消防處在通訊中心增設了18個操作員職位。

消防處會密切留意調派後指引服務的推行情況，並不時檢討人手需求，以維持通訊中心的運作效率。「質素改善組」會繼續每日進行隨機抽查，審核通訊中心處理召喚的情況，確保調派後指引準確傳遞並符合發問指引。

推出調派後指引後所得的數據和經驗會加以整合總結，用以檢討相關策略和救護車的調派，並作長遠規劃，務求為市民提供更優質的緊急救護服務。

香港救護服務

一般而言，香港救護服務大致分為「緊急救護服務」及「非緊急救護車運載服務」兩大類。

「緊急救護服務」主要為情況危急的傷病者提供送院前治理，並把他們送往醫院立即接受醫療護理。
「非緊急救護車運載服務」則為傷病者提供往/返醫院的運送服務。

香港救護服務由以下政府及非政府機構提供：

（1） 香港消防處；
（2） 醫療輔助隊；
（3） 醫院管理局；及
（4） 香港聖約翰救護機構。

各救護機構服務範圍及如何召喚救護服務

（1）香港消防處

消防處救護車為境內包括離島居民提供「緊急救護服務」，市民遇有急病或受傷而未能自行求診者可致電999熱線或直撥消防處救護車調派中心電話2735 3355 求緊急救護服務。

在可能情況下，如非嚴重傷病，例如日炙以致皮膚紅癢等，市民應利用其他途徑往醫院求診。

為了使控制中心人員能更有效率地調派救護車為市民服務，當線路接通後，致電者請提供以下資料：

1. 發生何事？（例如有人暈倒、有人受傷、病人等）；
2. 詳細事發地點；
3. 簡述傷病者情況（例如病人之年齡、性別、病歷、病徵、病狀等，傷 者之受傷程度、人數等）；
4. 聯絡電話。

（2）醫療輔助隊

醫療輔助隊主要為有需要的市民免費提供「非緊急救護車運載服務」。
服務對象為前往醫院管理局轄下診所就診的人士或由私家醫院轉介的病人。
醫療輔助隊所提供的有關服務時間是由星期一至星期日（包括公眾假期）上午八時至下午六時。

服務範圍包括香港、九龍、新界及大嶼山等區域。

申請人須填妥申請表格（AMS52）並由醫院管理局轄下診所/醫院授權的醫護人員或私家醫院的醫務人員簽署。在使用上述服務一個工作天傳真（28865397）至醫療輔助隊非緊急救護車服務總部（東區法院大樓十二樓的控制室）並致電該辦事處作進一步核實。如有任何疑問，請致電醫療輔助隊查詢熱線 2567 0705。

（3）醫院管理局

醫院管理局的「非緊急救護車運載服務」主要為老人日間醫院病人、出院病人（住院或到急症室接受治療後的病人）及專科門診病人提供點對點（即住所往返醫院或專科診所）的運送服務。

服務對象主要為未能使用公共巴士、 的士、復康巴士等交通工具的行動不便病人。

使用該項服務的病人須符合醫院管理局的既定準則和指引。這些病人當中包括臥床病人、使用輪椅病人（住 處沒有電梯設施）、年老獨居及行動不便而須使用步行輔助器的長者、有精神或感官（例如視力）障礙而出院時 沒有親友接送的病人等。

有需要使用該項服務的病人，可直接向就診診所或醫院的醫護人員提出要求。覆診病人只要符合有關的服務使用條件，醫護人員即會在安排下一次覆診日期及時間時，透過特設的電腦預約系統為病人一併預約下一次的非 緊急救護運送服務。

（4）香港聖約翰救護機構

香港聖約翰救傷隊為市民免費提供「緊急救護服務」。
救傷隊之救護車，分別駐守香港島、九龍及新界區三個救護站，向市民提供24小時之緊急救護車服務。

除此之外，救傷隊亦為大型體育活動，賽馬等，提供駐場救護車服務。

除了以上的免費服務外，救傷隊亦為私家醫院的病人提供就診或出院之收費接送服務。收費為港幣300元正（以單程計算，當中不包括隧道收費）。

服務範圍不包括禁區或邊境的接送。此服務需於一個工作天前透過所屬私家醫院申請預約，服務時間為星期一至五，上午9時至下午5時正。由於救傷隊的宗旨是優先處理緊急救護服務及當值車輛有限，此類服務只會於 非繁忙時間才獲處理。

聖約翰救護車緊急召喚熱線電話：1878 000
聖約翰救護站的位置：
香港區 銅鑼灣大坑道2號 / 九龍區 何文田公主道10號 / 新界區 上水天平路28號

鳴謝

本書得以順利出版，有賴各界鼎力支持、協助及鼓勵，並且給予專業指導，在內容的構思以及設計上提供許多寶貴意見，本人對他們尤為感激，藉著這個機會，本人在此謹向他們衷心致謝。

香港科技專上書院 校長　時美真博士
香港科技專上書院消防員 / 救護員實務　毅進文憑課程導師陳志亮先生、各位老師及行政部同事

盧樹楠
前香港消防處
副消防總長

看得喜 放不低

創出喜閱新思維

書名 消防救護投考實戰攻略(總第七版) Fire Services Recruitment Guide
ISBN 978-988-76628-5-3
定價 HK$148
出版日期 2023年2月
編撰 前香港消防處 副消防總長 盧樹楠先生
編輯 前香港消防處 救護主任 陳志亮先生、小麥
統籌 Mark Sir
版面設計 方文俊
出版 文化會社有限公司
電郵 editor@culturecross.com
網址 www.culturecross.com
發行 聯合新零售（香港）有限公司
地址：香港鰂魚涌英皇道1065號東達中心1304-06室
電話：（852）2963 5300
傳真：（852）2565 0919